Das Zahlenbuch
Arbeitsheft

3

von Erich Ch. Wittmann, Gerhard N. Müller
unter Mitwirkung von
Marcus Nührenbörger und Ralph Schwarzkopf

Bearbeitung der Ausgabe 2017:
Marcus Nührenbörger, Ralph Schwarzkopf,
Melanie Bischoff, Daniela Götze, Birgit Heß,
Diana Hunscheidt

Ernst Klett Verlag
Stuttgart · Leipzig

Inhalt

- ○ Grundlagen aufbauen und sichern
- ◒ Zusammenhänge entdecken und anwenden
- ● Beziehungen reflektieren und nutzen
- ❀ Selbstgesteuert üben und Aufgaben produzieren

Addieren und Subtrahieren

1 Schöne Päckchen. Was fällt dir auf? Kreise ein.

a)	b)	c)	d)
25 + 11 = 36	12 + 20 = 32	64 + 21 = 85	53 + 21 = 74
34 + 12 = 46	22 + 30 = 52	61 + 21 = 82	54 + 23 = 77
43 + 13 = 56	32 + 40 = 72	58 + 21 = 79	55 + 25 = 80
52 + 14 = 66	42 + 50 = 92	55 + 21 = 76	56 + 27 = 83

2 Welches Päckchen passt zu der Beschreibung? Kreuze an und ergänze die fehlenden Sätze.

a) ☐ 1a ☐ 1b ☐ 1c ☐ 1d

Die 1. Zahl wird immer um 1 größer.

Die 2. Zahl wird immer um 2 größer.

Deshalb wird die Summe ____________

____

b) ☐ 1a ☐ 1b ☐ 1c ☐ 1d

Die 1. Zahl wird immer um 9 größer.

Die 2. Zahl wird immer um 1 größer.

Deshalb ____________

____

c) ☐ 1a ☐ 1b ☐ 1c ☐ 1d

Die 1. Zahl wird immer um 10 größer.

Die 2. Zahl wird ____________

____

d) ☐ 1a ☐ 1b ☐ 1c ☐ 1d

Die 1. Zahl wird immer um 3 kleiner.

____

____

3 Schöne Päckchen. Was fällt dir auf? Kreise ein.

a)	b)	c)	d)
45 − 30 = 85	37 − 24 = 13	85 − 9 = 76	24 − 11 = 13
46 − 31 = 17	47 − 23 = 24	85 − 11 = 74	28 − 15 = 13
47 − 32 = 15	57 − 22 = 35	85 − 13 = 72	32 − 19 = 3
48 − 33 = 15	67 − 21 = 46	85 − 15 = 70	36 − 23 = 13

4 Welches Päckchen passt zu der Beschreibung? Kreuze an und ergänze die fehlenden Sätze.

a) ☐ 3a ☐ 3b ☐ 3c ☐ 3d

Die 1. Zahl wird immer um 10 größer.

Die 2. Zahl wird immer um 1 kleiner.

Deshalb wird die Differenz ____________

____

b) ☐ 3a ☐ 3b ☐ 3c ☐ 3d

Die 1. Zahl wird immer um 4 größer.

Die 2. Zahl wird immer um 4 größer.

____

____

c) ☐ 3a ☐ 3b ☐ 3c ☐ 3d

Die 1. Zahl bleibt immer gleich.

Die 2. Zahl ____________

____

d) ☐ 3a ☐ 3b ☐ 3c ☐ 3d

Die 1. Zahl wird immer um 1 größer.

____

____

1–4 Regelmäßigkeiten in schönen Päckchen untersuchen; Forschermittel einsetzen.

→ Schülerbuch, Seiten 4/5 → Probieren und Kombinieren 3, Seiten 3, 10–12

Rechenwege bei der Addition

1 Wie rechnen die Kinder? Verbinde und rechne.

Schrittweise | **Z**ehner und **E**iner extra | **H**ilfsaufgabe

Tim 48 + 33 =
40 + 30 =
8 + 3 =

Leo 57 + 27 =
57 + 20 =
\+ 7 =

Max 34 + 49 =
34 + 50 =
− 1 =

2 **S**chrittweise (S), **Z**ehner und **E**iner extra (ZE) oder **H**ilfsaufgabe (H)? Wie rechnest du?

38 + 17 = | 27 + 17 = | 53 + 28 =

39 + 27 = | 47 + 16 = | 72 + 19 =

3 Rechne mit einer Hilfsaufgabe. Kreise die Zahl ein, die du änderst.

a) 17 + 59 = ___
17 + 60 = ___
___ − 1 = ___

b) 39 + 53 = ___
40 + 53 = ___
___ − 1 = ___

c) 23 + 59 = ___
23 + ___ = ___

d) 39 + 39 = ___

e) 65 + 18 = ___
65 + 20 = ___

f) 28 + 36 = ___
30 + ___ = ___

g) 56 + 41 = ___

h) 29 + 32 = ___

4 Rechne immer erst die einfache Aufgabe. Kreuze an.

a) 39 + 38 = 77
X 39 + 40 = 79

b) 73 + 28 = ___
70 + 28 = ___

c) 60 + 19 = ___
58 + 19 = ___

d) 56 + 30 = ___
56 + 36 = ___

5 Zwei Aufgaben, ein Ergebnis. Erkläre mit Pfeilen.

a) 53 + 15 = 68
↓−3 ↓+3
50 + 18 = 68

b) 24 + 39 = 63
23 + 40 = 63

c) 48 + 33 = 81
50 + 31 = 81

d) 70 + 29 = 99
72 + 27 = 99

1 Angefangene Rechenwege beenden und zuordnen. 2 Eigene Rechenwege wählen und ggf. in Partnerarbeit vergleichen.
3 Strategie ‚Hilfsaufgabe' anwenden und vertiefen. 4, 5 Das Ableiten in Beziehung zur Bildung von Hilfsaufgaben üben.

→ Schülerbuch, Seiten 8/9

Rechenwege bei der Subtraktion

1 Wie rechnen die Kinder? Verbinde und rechne.

Schrittweise abziehen — Zehner und Einer extra — Hilfsaufgabe

Finn
53 − 27 =
53 − 20 =
33 − 7 =

Till
63 − 19 =
63 − 20 =
+ 1 =

Kim
87 − 62 =
80 − 60 =
7 − 2 =

2 **S**chrittweise Abziehen (S), **Z**ehner und **E**iner extra (ZE) oder **H**ilfsaufgabe (H)? Wie rechnest du?

42 − 16 =
35 − 17 =
53 − 25 =

66 − 27 =
53 − 35 =
72 − 19 =

3 Rechne mit einer Hilfsaufgabe. Kreise die Zahl ein, die du änderst.

a) 54 − 29 = ___
54 − 30 = ___
___ + 1 = ___

b) 89 − 26 = ___
90 − ___ = ___

c) 56 − 29 = ___

d) 79 − 34 = ___

e) 65 − 18 = ___
65 − 20 = ___

f) 44 − 28 = ___

g) 52 − 35 = ___

h) 94 − 28 = ___

4 Rechne immer erst die einfache Aufgabe. Kreuze an.

a) 68 − 19 = ___
X 68 − 20 = ___

b) 35 − 27 = ___
35 − 20 = ___

c) 74 − 40 = ___
74 − 38 = ___

d) 91 − 36 = ___
90 − 35 = ___

5 Im Bus fahren 42 Personen. 11 Leute steigen aus. [?]

1 Angefangene Rechenwege beenden und zuordnen. 2 Eigene Rechenwege wählen und ggf. in Partnerarbeit vergleichen.
3 Strategie ‚Hilfsaufgabe' anwenden und vertiefen. 4 Das Ableiten in Beziehung zur Bildung von Hilfsaufgaben üben.
5 Zur Sachaufgabe eine passende Frage überlegen und ausrechnen, Rechenwege vergleichen.

→ Schülerbuch, Seiten 10/11

Die Einmaleins-Tafel

1 Rechne.

a) mit 2

3 · 2 = ___ 2 · 7 = ___
4 · 2 = ___ 2 · 8 = ___
5 · 2 = ___ 2 · 9 = ___
6 · 2 = ___ 2 · 10 = ___

b) mit 5

3 · 5 = ___ 5 · 7 = ___
4 · 5 = ___ 5 · 8 = ___
5 · 5 = ___ 5 · 9 = ___
6 · 5 = ___ 5 · 10 = ___

c) Quadrat

2 · 2 = ___ 6 · 6 = ___
3 · 3 = ___ 7 · 7 = ___
4 · 4 = ___ 8 · 8 = ___
5 · 5 = ___ 9 · 9 = ___

2 Rechne und vergleiche. Male die einfachen Aufgaben an.

a)
7 · 2 = ___ 8 · 3 = ___
___
6 · 3 = ___ 7 · 4 = ___
___
5 · 4 = ___ ___

b)
8 · 5 = ___ 9 · 6 = ___
___
7 · 6 = ___ ___
___
6 · 7 = ___ ___

c)
3 · 5 = ___ 4 · 6 = ___ 5 · 7 = ___ ___ ___
3 · 6 = ___ ___ ___ ___
___ 3 · 7 = ___ ___ ___ ___

3 < oder > oder =? Vergleiche.

a) 4 · 3 ◯ 12
5 · 3 ◯ 12

b) 6 · 5 ◯ 35
7 · 5 ◯ 35

c) 5 · 8 ◯ 44
5 · 9 ◯ 44

d) 8 · 4 ◯ 40
8 · 6 ◯ 40

e) 7 · 4 ◯ 30
7 · 4 ◯ 28

4 Finde passende Malaufgaben. Das Ergebnis ist …

a) … gleich 18.
___ · ___ = 18
___ · ___ = 18
___ · ___ = 18
___ · ___ = 18

b) … gleich 36.
___ · ___ = 36
___ · ___ = 36
___ · ___ = 36

c) … kleiner als 15.
___ · ___ < 15
___ · ___ < 15
___ · ___ < 15
___ · ___ < 15

d) … größer als 50.
___ · ___ > 50
___ · ___ > 50
___ · ___ > 50
___ · ___ > 50

1–4 Aufgaben zur Wiederholung des Einmaleins. 1 Einfache Aufgaben wiederholen. 2, 3 Beziehungen erkunden und nutzen. 4 Aufgaben finden.

→ Schülerbuch, Seiten 12/13 → Verstehen und Trainieren 3, Seiten 4/5 → Vernetzen und Automatisieren 3, Seiten 1/2

Multiplizieren und Dividieren

○ **1** Rechne immer vier Aufgaben.

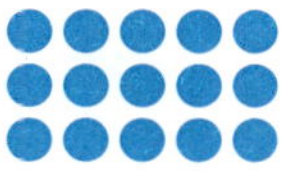

3 · 5 = 15
5 · 3 = 15
15 : 3 = 5
15 : 5 = 3

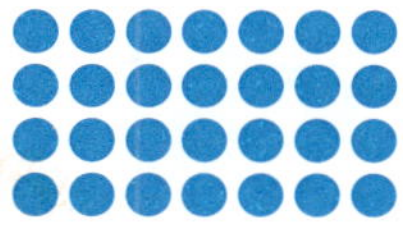

4 · 7 = 28
7 · 4 = 28
28 : 4 = 7
28 : 7 = 4

6 · 3 = 18
3 · 6 = 18
18 : 6 = 3
18 : 3 = 6

6 · 4 = 24
4 · 6 = 24
24 : 6 = 4
24 : 4 = 6

○ **2** Rechne Aufgabe und Umkehraufgabe.

a) 4 · 2 = 8
8 : 2 = 4
4 · 4 = 16
16 : 4 = 4

b) 6 · 2 = 12
12 : 2 = 6
6 · 4 = 24
24 : 4 = 6

c) 3 · 7 = 21
21 : 7 = 3
6 · 7 = 42
42 : 7 = 6

d) 3 · 3 = 9
9 : 3 = 3
3 · 6 = 18
18 : 6 = 3

✿ **3** Finde passende Geteiltaufgaben. Das Ergebnis ist …

a) … gleich 5.
___ : ___ = 5
___ : ___ = 5
___ : ___ = 5
___ : ___ = 5

b) … gleich 6.
___ : ___ = 6
___ : ___ = 6
___ : ___ = 6
___ : ___ = 6

c) … kleiner als 4.
___ : ___ < 4
___ : ___ < 4
___ : ___ < 4
___ : ___ < 4

d) … größer als 7.
___ : ___ > 7
___ : ___ > 7
___ : ___ > 7
___ : ___ > 7

○ **4** Teilen mit Rest. Schreibe immer zwei Aufgaben.

a) 

16 : 5 = 3 R1
3 · 5 + 1 = 16

b) 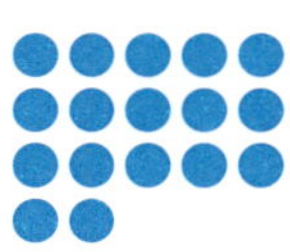

c) 

d) 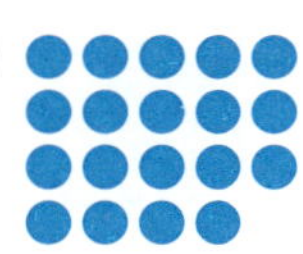

◒ **5** Schöne Päckchen.

a) 17 : 2 = 8 R. 1
18 : 2 = 9
19 : 2 = 9 R. 1
20 : 2 = 10

b) 17 : 4 = 4 R. 1
18 : 4 = 4 R. 2
19 : 4 = 4 R3
20 : 4 = 5

c) 9 : 8 = 1 R 1
18 : 8 = ___
27 : 8 = ___
36 : 8 = ___

d) 11 : 9 = ___
22 : 9 = ___
33 : 9 = ___
44 : 9 = ___

1, 2 Multiplikation und Division als Umkehroperationen herausarbeiten und als Probe nutzen. 3 Divisionsaufgaben finden.
4, 5 Division mit Rest. Beziehungen zwischen den Aufgaben herstellen und nutzen.

→ Schülerbuch, Seiten 14/15 → Verstehen und Trainieren 3, Seiten 6/7 → Vernetzen und Automatisieren 3, Seiten 3 – 5

Verdoppeln und Halbieren

1 Verdopple. Schreibe deinen Rechenweg auf.

a) 28 b) 47 c) 19

2 Halbiere. Schreibe deinen Rechenweg auf.

a) 32 b) 76 c) 58

3 Verdopple.

a) 20 + 20 = 40
6 + 6 = 12
26 + 26 = 52

b) 30 + 30 = 60
7 + 7 = 14
37 + 37 = 74

c) 40 + 40 = 80
5 + 5 = 10
45 + 45 = 90

d) 40 + 40 = 80
8 + 8 = 16
48 + 48 = 96

4 Halbiere.

a) 40 = 20 + 20
6 = 3 + 3
46 = _____

b) 90 = _____
8 = _____
98 = _____

c) 50 = _____
8 = _____
58 = _____

d) 30 = _____
8 = _____
38 = _____

5 Rechne aus und vergleiche die Zahlenmauern.

a)

	40	
15	25	
5	10	15

	80	
30	50	
10	20	30

b)

	45	
24	21	
14	10	11

	90	
48	42	
28	20	22

c) Was fällt dir auf?

6 Finde Zahlenmauern wie in Aufgabe 5.

a) b)

1–6 Verdoppeln und Halbieren.

→ Schülerbuch, Seiten 16/17 → Verstehen und Trainieren 3, Seiten 2/3 → Vernetzen und Automatisieren 3, Seiten 6/7

1 Einfache Aufgaben.

a) 45 + 30 = 75
47 + 30 = 77
49 + 30 = 79

b) 36 + 5 = 41
56 + 5 = 61
76 + 5 = 81

c) 73 − 10 = 13
73 − 21 = 52
73 − 32 = 41

d) 66 − 8 = 58
76 − 8 = 68
86 − 8 = 78

2 **S**chrittweise (S), **Z**ehner und **E**iner extra (ZE) oder **H**ilfsaufgabe (H)? Wie rechnest du?

58 + 37 =

46 + 29 =

93 − 45 =

83 − 55 =

3 Schöne Päckchen. Was fällt dir auf? Setze fort.

a) 45 + 10 = ___
40 + 14 = ___
35 + 18 = ___
30 + 22 = ___

b) 88 − 38 = ___
86 − 35 = ___
84 − 32 = ___
82 − 29 = ___

4 Rechne immer erst die einfache Aufgabe. Kreuze an.

a) 4 · 7 = 28
X 5 · 7 = 35
6 · 7 = 42

b) 5 · 6 = 30
6 · 6 = 36
7 · 6 = 42

c) 3 · 4 = 12
5 · 4 = 20
8 · 4 = 32

d) 9 · 7 = 63
9 · 5 = 45
9 · 8 = 72

e) 7 · 2 = 14
7 · 3 = 21
7 · 4 = 28

5 Rechne immer erst die einfache Aufgabe. Kreuze an.

a) X 30 : 3 = ___
27 : 3 = ___

b) 80 : 8 = ___
72 : 8 = ___

c) 36 : 6 = ___
30 : 6 = ___

d) 20 : 2 = ___
18 : 2 = ___

e) 60 : 6 = ___
54 : 6 = ___

f) 49 : 7 = ___
42 : 7 = ___

g) 25 : 5 = ___
30 : 5 = ___

h) 70 : 7 = ___
63 : 7 = ___

Wesentliche Aspekte des Kapitels noch einmal reflektieren.

→ Schülerbuch, Seite 18 → Probieren und Kombinieren 3, Seiten 18/19

Forschen und Finden: Zahlengitter

1 Zahlengitter mit den Pluszahlen 6 und 7. Rechne und vergleiche.

a)

+ 7 → / + 6 ↓

0		

+ 7 → / + 6 ↓

1		

+ 7 → / + 6 ↓

2		

b)

+ 7 → / + 6 ↓

4		

+ 7 → / + 6 ↓

8		

+ 7 → / + 6 ↓

12		

2 Zahlengitter mit der Startzahl 0. Rechne und vergleiche.

a)

+ 8 → / + 8 ↓

0		

+ 9 → / + 7 ↓

0		

+ 10 → / + 6 ↓

0		

b)

+ 9 → / + 9 ↓

0		

+ 10 → / + 8 ↓

0		

+ 11 → / + 7 ↓

0		

3 Finde Zahlengitter mit der Startzahl 0 und der Zielzahl 12. Was fällt dir auf?

+ → / + ↓

0		
		12

+ → / + ↓

0		
		12

+ → / + ↓

0		
		12

Bildungsregel für das Aufgabenformat Zahlengitter anwenden. **1–3** Operative Veränderungen an den Zahlengittern erkunden.

→ Schülerbuch, Seite 19 → Probieren und Kombinieren 3, Seiten 6–9

Mit Geld rechnen

○ **1** Wie viel Euro? Schreibe den Betrag in die Tabelle und mit Komma.

	10 €	1 €	10 ct	1 ct	
		3	2	5	3,25 €

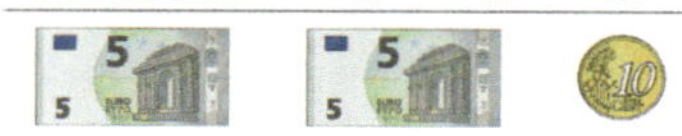					

◒ **2** Verbinde.

Vier Euro und sechs Cent.

Eric

Vier Euro sechzig.

Lena

Vierundsechzig Cent.

Lilly

0,64 € | 4,06 € | 4,60 €

8,20 € | 2,80 € | 0,28 €

Zwei Euro und achtzig Cent.

Ben

Acht Euro zwanzig.

Anna

Achtundzwanzig Cent.

Finn

◒ **3** Schreibe mit Komma.

Zwölf Euro siebenunddreißig. | Zwölf Euro und sieben Cent. | Zwölf Euro siebzig. | Siebzehn Euro und zweiunddreißig Cent.

1 Geldbeträge in die Stellentafel eintragen und Kommaschreibweise üben. 2 Geldbeträge zuordnen. 3 Geldbeträge mit Komma schreiben.

→ Schülerbuch, Seiten 20/21 → Verstehen und Trainieren 3, Seite 12 → Probieren und Kombinieren 3, Seiten 4/5

Mit Geld rechnen

1 Setze die Preislisten fort.

Bratwurst:	
1	2,10 €
2	4,20 €
3	
4	
5	
6	
7	
8	

Frikadellen:	
1	2,40 €
2	
3	
4	
5	
6	
7	
8	

Limo:	
1	1,50 €
2	
3	
4	
5	
6	
7	
8	

2 Wie viel kostet es?

a) 

b) 

c) 

d) 

e) 

3 Was können die Kinder gekauft haben?

a) Kim bezahlt 6,30 €.

b) Metin bezahlt 5,00 €.

c) Anna bezahlt 4,40 €.

1 Preislisten schreiben. 2 Preise berechnen. 3 Sachaufgaben mit Geld.

→ Schülerbuch, Seiten 20/21

Sachaufgaben

Eintrittspreise:

	Erwachsene	Kinder
2-Stunden-Karte	5,00 €	3,00 €
Tageskarte	8,00 €	5,00 €

Tauchring	4,50 €
Schwimmbrett	10,50 €
Schwimmreifen	5,50 €
Badekappe	6,50 €

○ **1** Schreibe die Rechnungen.

a)

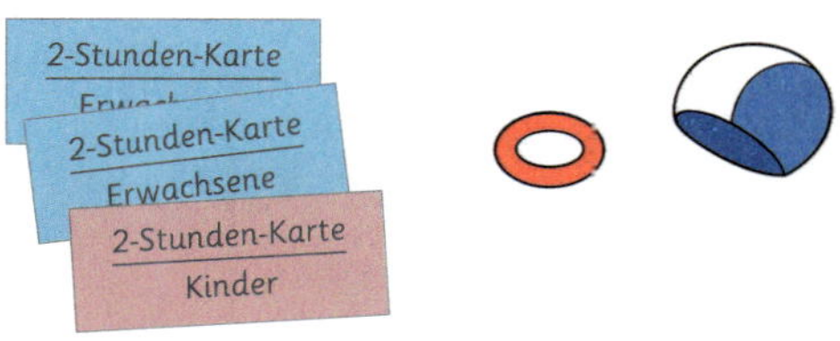

3,00 € + ______

b)

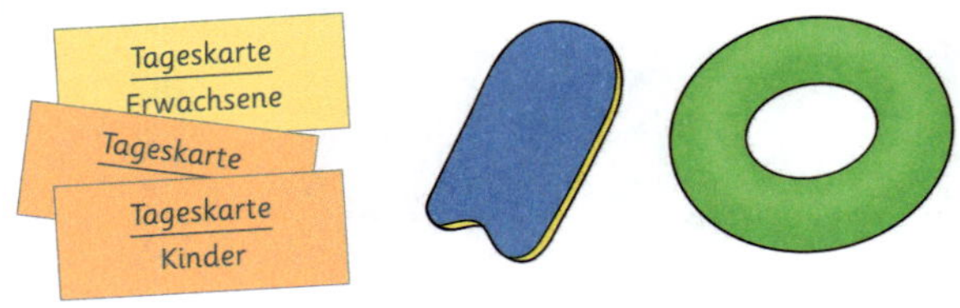

______

2 Welche Fragen kannst du beantworten? Kreuze an.

Eric, Sophie und Paula gehen 2 Stunden schwimmen. Jeder kauft sich einen Tauchring.

- ☐ Reichen 15 € für den Eintritt?
- ☐ Um wie viel Uhr verlassen sie das Schwimmbad?
- ☐ Wie viel Euro kosten die Tauchringe zusammen?
- ☐ Kann Eric sich noch ein Schwimmbrett kaufen?

3 Ina, Lilly und Ben üben für das Schwimmabzeichen in Silber.

- Startsprung und mindestens 400 m Schwimmen in höchstens 25 Minuten, davon 300 m in Bauch- und 100 m in Rückenlage
- zweimal ca. 2 m Tieftauchen von der Wasseroberfläche mit Heraufholen je eines Gegenstandes
- 10 m Streckentauchen
- Sprung aus 3 m Höhe
- Kenntnis der Baderegeln und der Selbstrettung

a) Die Kinder schwimmen 400 m. Eine Bahn ist 50 m lang.

Wie viele Bahnen müssen die Kinder schwimmen?

Wie viele Bahnen müssen die Kinder davon in Rückenlage schwimmen?

Die Kinder starten um 12.15 Uhr. Wann müssen sie 400 m weit geschwommen sein?

b) Die Kinder üben Streckentauchen.

Ina taucht 8 m 50 cm weit. Wie viel fehlt noch?

Lilly fehlen noch 1 m und 20 cm. Wie weit taucht sie?

Ben taucht 100 cm weiter als Ina. Ist er weit genug getaucht?

1–3 Sachaufgaben auf eigenen Wegen lösen.

→ Schülerbuch, Seiten 22/23

Würfelgebäude

1 Immer 2 Baupläne gehören zum gleichen Gebäude. Verbinde.

1		
2	2	1

3	2
	1

3	
2	1

	1
	2
1	2

	1
1	1
2	

1	
2	
1	2

2	1
3	

		2
1	2	1

	1
1	2
1	

2	1	
	1	1

1	1	
	2	1

	1
3	2

2 Zeichne die Baupläne aus der Sicht der Kinder.

3	3
2	1

Lena

Esra

Max

Till

3 Ein Bauplan stimmt nicht. Welcher? Zeichne neu.

3	1
1	2

Lena

1	1
2	3

Esra

2	1
1	3

Max

1	2
3	1

Till

Der Bauplan von ______________ stimmt nicht.

Der Bauplan muss so aussehen:

Aufgaben sollen möglichst oft ohne Material gelöst werden. Bei Problemen und zum Lösungsvergleich Würfel hinzuziehen.
1 Baupläne, die zum gleichen Würfelgebäude gehören, verbinden. **2** Möglichst alle vier Baupläne zeichnen. **3** Fehlerhaften Bauplan finden. Fehler erklären. Neu zeichnen.

→ Schülerbuch, Seiten 24/25

Zählen, Bündeln und Schätzen

○ **1** Wie heißen die Zahlen? Denke an das Bündeln.

a)

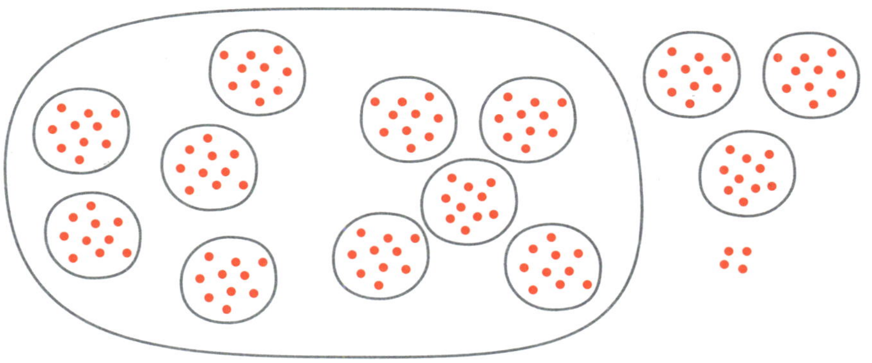

100
30
4

100 + 30 + 4 = 134

b)

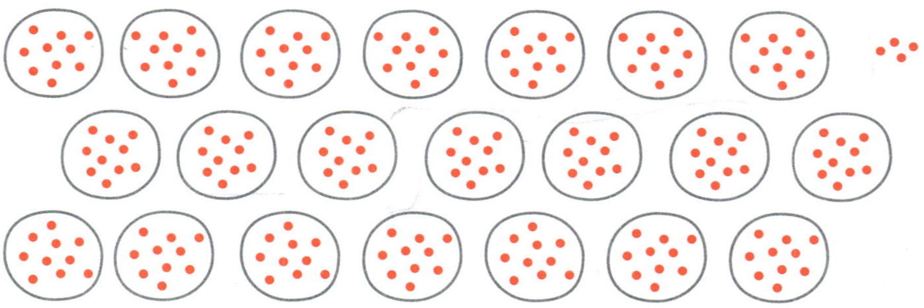

c)

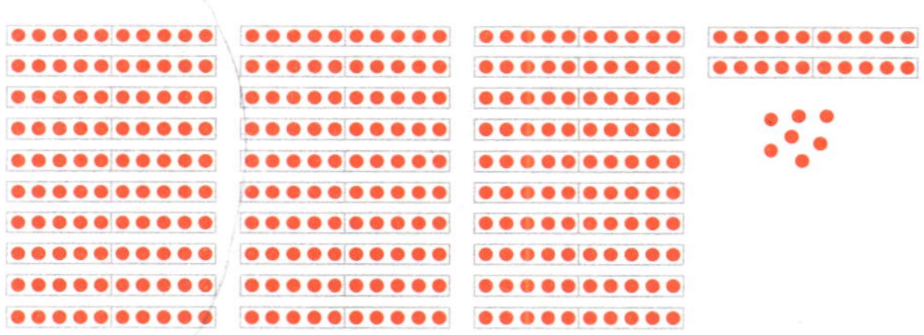

d)

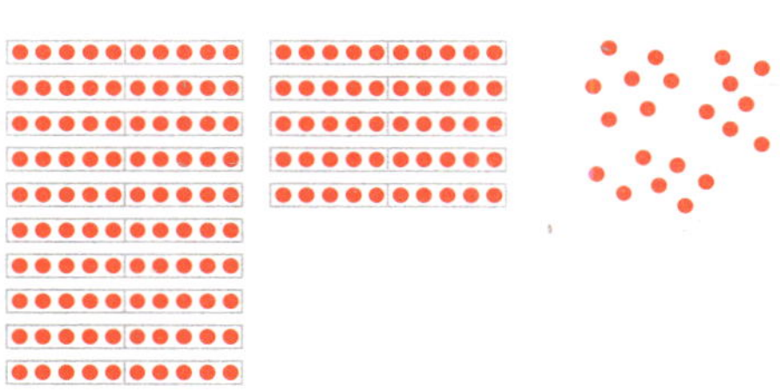

e)

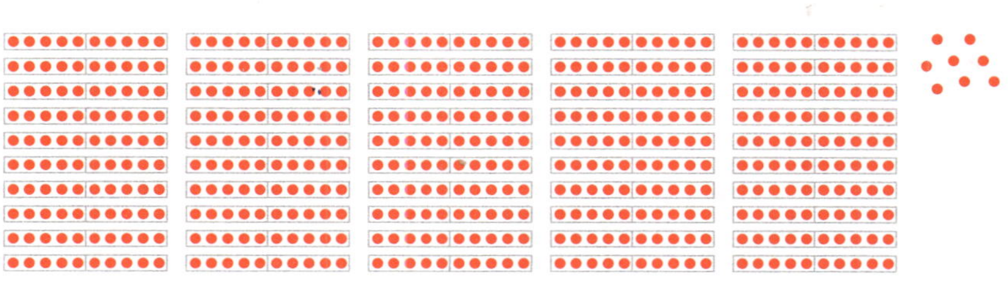

1 Unstrukturierte und strukturierte Anzahlen bündeln; Hunderter als fortzusetzende Einheit (10 Zehner = 1 Hunderter) erfahren und anwenden; ggf. Zahlenkarten legen, um Zahlen zu schreiben.

→ Schülerbuch, Seiten 26/27

Die Zahlen bis 1 000

1 Wie heißen die Zahlen? Vergleiche.

a) 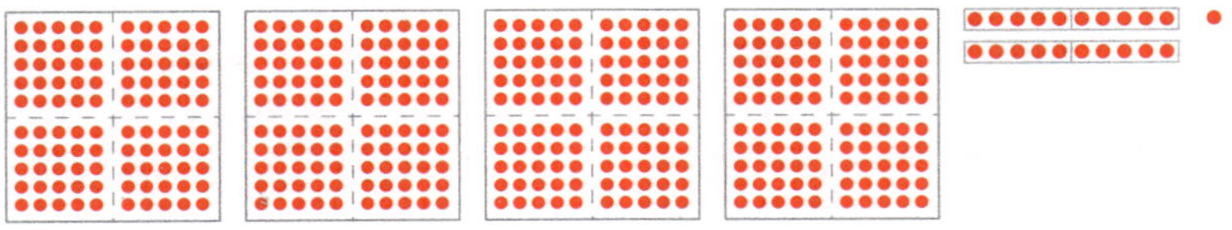

400

400 + ____

b) 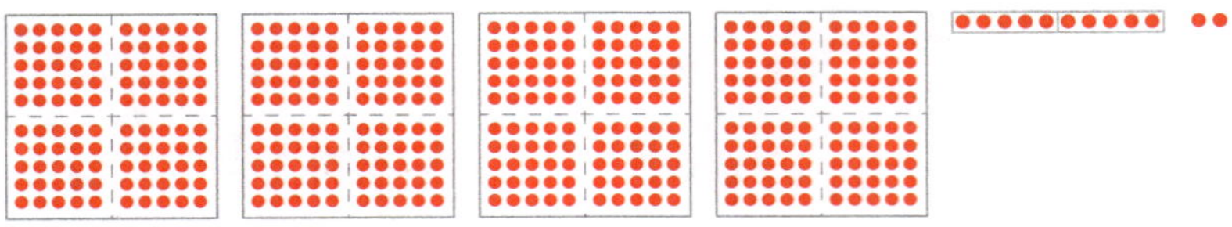

____

2 Wie heißen die Zahlen? Schreibe als Aufgabe und als Zahl.

a) 

200 + 30 + 5 = ____

b) 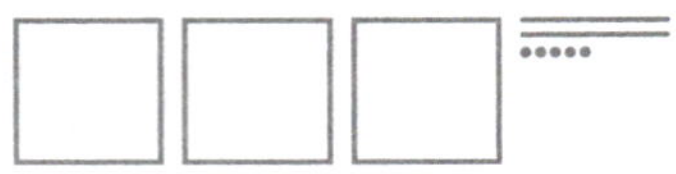

c) 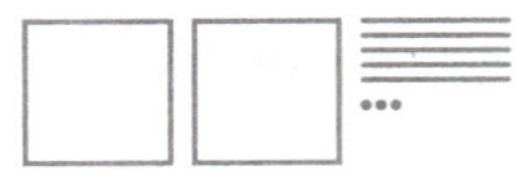

d) 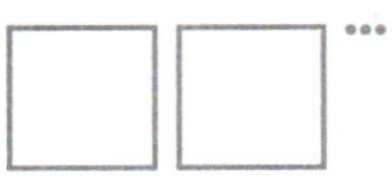

e) 

f) 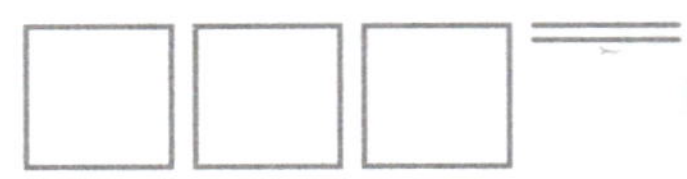

g) 

h) 

i) 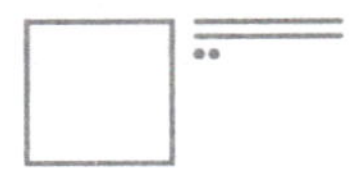

3 Schreibe in die Zahlenkarten und zeichne die Zahlbilder.

a) 314 — 300

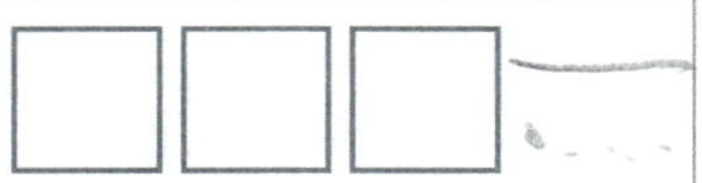

b) 134

c) 233

d) 322

e) 143

f) 341

1–3 Lesen und Zeichnen von Zahlbildern, ggf. Zahlenkarten zur Veranschaulichung des Zahlsymboles nutzen.

→ Schülerbuch, Seiten 28/29 → Verstehen und Trainieren 3, Seiten 8/9

Die Stellentafel

1 Zeichne die Zahlbilder und schreibe die Zahlen.

a)

H	Z	E
2	1	3

213

b)

H	Z	E
2	2	3

c)

H	Z	E
1	0	2

d)

H	Z	E
1	2	2

e)

H	Z	E
5	5	0

2 Schreibe die Zahlen in die Stellentafel.

a)

H	Z	E
3	2	0

b)

H	Z	E

c)

H	Z	E

d)

H	Z	E

e)

H	Z	E

f)

H	Z	E

g)

H	Z	E

h)

H	Z	E

3 Schreibe immer beide Zahlen in die Stellentafel.

a) 700 + 50 + 1
100 + 50 + 7

H	Z	E
7	5	1
1	5	7

b) 100 + 60 + 3
300 + 60 + 1

H	Z	E

c) 3 + 20 + 500
500 + 30 + 2

H	Z	E

d) 400 + 60
40 + 600

H	Z	E

4 Was bedeutet die fett gedruckte Ziffer?

a) 8**4**5 4Z
485 ____
13**7** ____

b) 3**4**9 ____
333 ____
12**4** ____

c) **5**39 ____
5**3**9 ____
53**9** ____

d) 1**8**7 ____
18**7** ____
187 ____

e) **4**01 ____
4**0**1 ____
40**1** ____

1–4 Rolle der Null bei unbesetzten Stellen im Zahlbild erkennen, Aufgabenpaare vergleichen, Veränderungen markieren.

→ Schülerbuch, Seiten 30/31

Das Tausenderfeld

○ **1** Welche Zahlen? Trage die Zahlen in die Stellentafel ein und schreibe die Zahlen.

a) 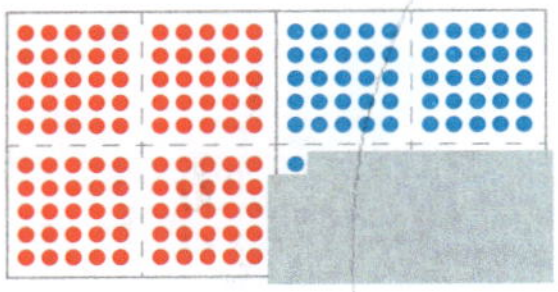

H	Z	E

b) 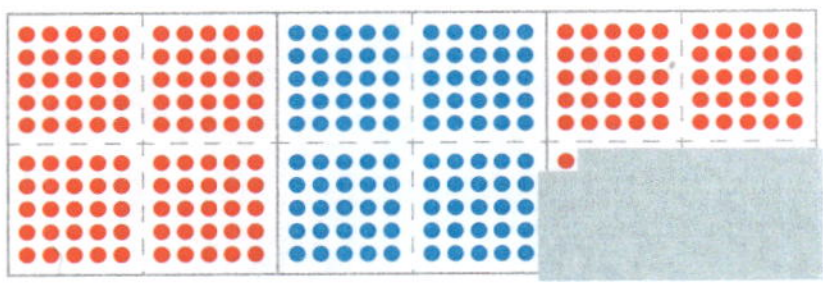

H	Z	E

c) 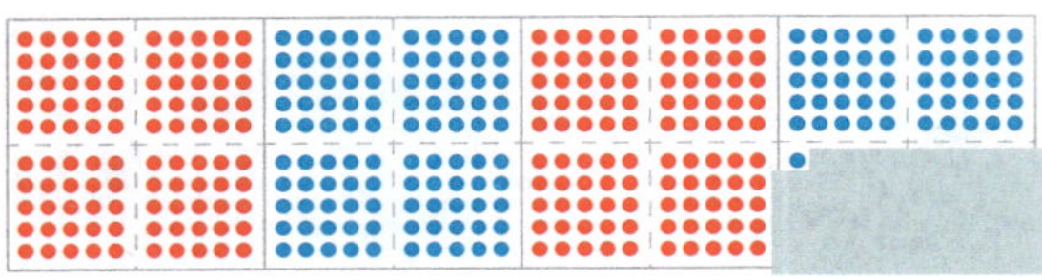

H	Z	E

○ **2** Welche Zahlen? Trage die Zahlen in die Stellentafel ein und schreibe die Zahlen.

a) 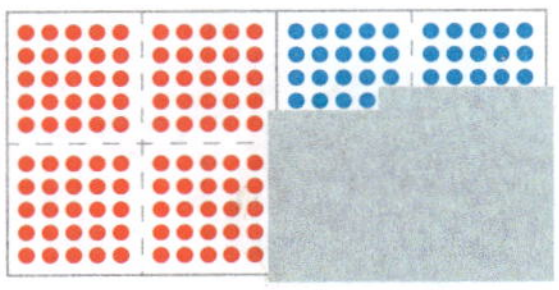

H	Z	E

b) 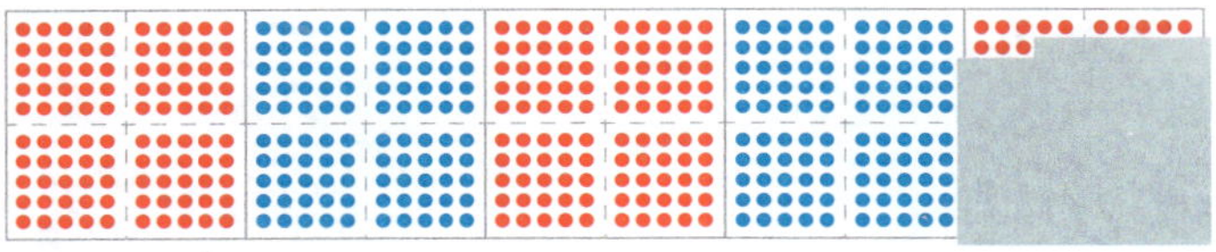

H	Z	E

c) 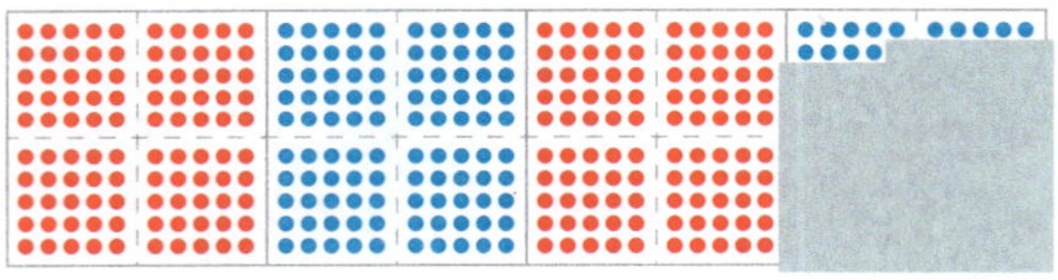

H	Z	E

○ **3** Zerlege in Hunderter, Zehner und Einer.

a) 709 = 700 + 9
790 = 700 + 90
907 = 900 + 7

b) 751 = ______
175 = ______
517 = ______

c) 163 = ______
613 = ______
361 = ______

d) 456 = ______
654 = ______
645 = ______

e) 460 = ______
406 = ______
640 = ______

f) 325 = ______
523 = ______
253 = ______

1, 2 Zahlen in die Stellentafel eintragen, Zahl notieren. 3 Zahlen in Hunderter, Zehner und Einer zerlegen.

→ Schülerbuch, Seiten 32/33

Das Tausenderfeld

○ **1** Rechne.

a) 700 + 40 = ___
700 + 6 = ___
700 + 46 = ___

b) 400 + 5 = ___
400 + 70 = ___
400 + 75 = ___

c) 600 + 60 = ___
660 + 7 = ___
600 + 67 = ___

d) 600 + 70 = ___
670 + 6 = ___
676 − 76 = ___

e) 500 + 4 = ___
504 + 30 = ___
534 − 34 = ___

f) 900 + 80 = ___
980 + 7 = ___
987 − 87 = ___

◒ **2** < oder > oder =? Setze ein.

a) 347 ○ 437
768 ○ 1 000
407 ○ 504
201 ○ 102

b) 51 ○ 510
802 ○ 82
470 ○ 407
208 ○ 280

c) 909 ○ 999
999 ○ 990
990 ○ 99
990 ○ 909

d) 417 + 100 ○ 500
625 − 100 ○ 500
912 + 100 ○ 1 000
850 + 150 ○ 1 000

◒ **3** Immer 500. Immer 1 000. Vergleiche.

a) Immer 500.
490 + ___
390 + ___
380 + ___
280 + ___

Immer 1 000.
490 + ___
390 + ___
380 + ___
280 + ___

b) Immer 500.
250 + ___
125 + ___
500 + ___
50 + ___

Immer 1 000.
250 + ___
125 + ___
500 + ___
50 + ___

◒ **4** Immer 1 000. Schöne Päckchen. Setze fort. Was fällt dir auf?

a) 1 000 = 900 + ___
1 000 = 800 + ___
1 000 = 700 + ___
___ = ___ + ___
___ = ___ + ___

b) 1 000 = 880 + ___
1 000 = 890 + ___
1 000 = 900 + ___
___ = ___ + ___
___ = ___ + ___

c) 1 000 = 989 + ___
1 000 = 988 + ___
1 000 = 987 + ___
___ = ___ + ___
___ = ___ + ___

◒ **5** Wie heißen die Zahlen?

a) Die Zahl ist die Hälfte von 800. ___
b) Die Zahl ist das Doppelte von 150. ___
c) Die Zahl ist um 100 kleiner als 1 000. ___
d) Die Zahl ist um 500 größer als 500. ___
e) Die Zahl ist doppelt so groß wie 400. ___
f) Die Zahl ist halb so groß wie 1 000. ___

1 Zahlen aus Hundertern, Zehnern und Einern zusammensetzen und auf eine Hunderterzahl reduzieren.
2 Zahlen vergleichen. 3 Am Tausenderbuch Ergänzungsaufgaben durchführen, Zerlegungen der 500 und 1 000 miteinander vergleichen. 5 Zahlenrätsel lösen.

→ Schülerbuch, Seiten 32/33 → Vernetzen und Automatisieren 3, Seite 13

Der Zahlenstrahl bis 1 000

○ **1** Welche Zahlen? Trage ein.

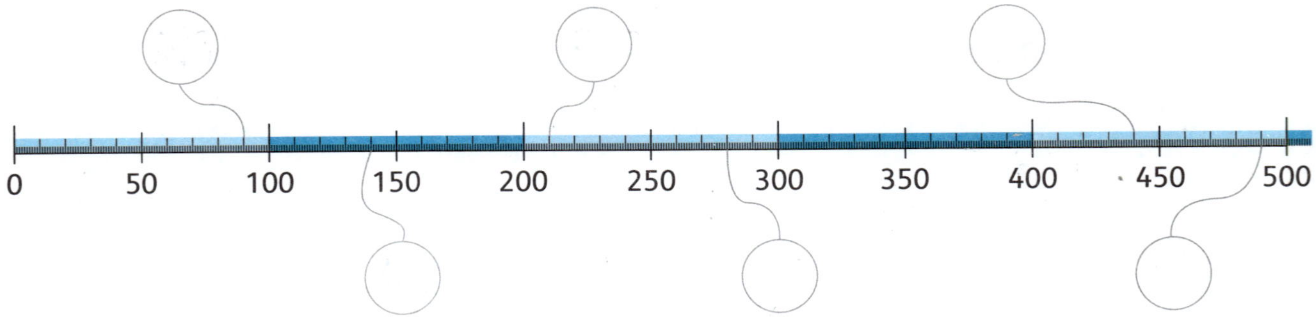

○ **2** Welche Zahlen? Verbinde.

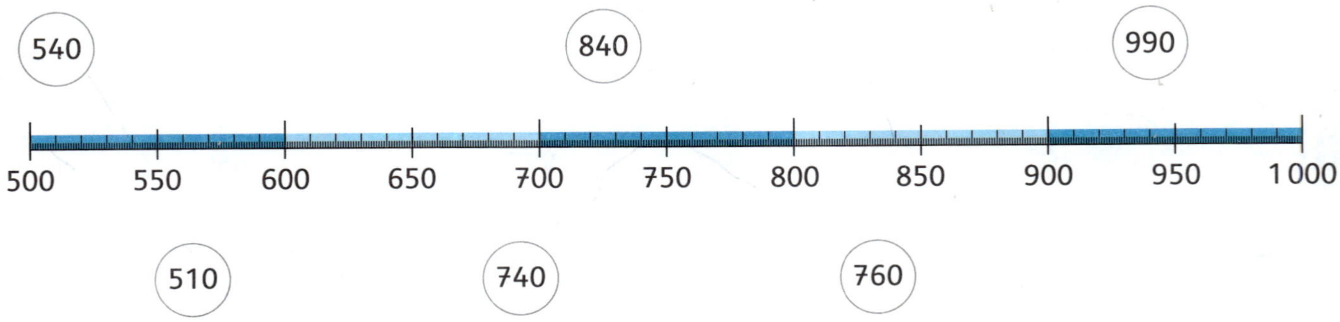

○ **3** Nachbarzahlen.

a) 99 , 100, 101   b) ___ , 400, ___   c) ___ , 777, ___   d) ___ , 909, ___

___ , 111, ___   ___ , 420, ___   ___ , 700, ___   ___ , 990, ___

___ , 234, ___   ___ , 398, ___   ___ , 799, ___   ___ , 999, ___

○ **4** Nachbarzahlen. Zurück zum Vorgänger und vorwärts zum Nachfolger.

a) 600 – 1 = ___   b) 500 – 1 = ___   c) 399 – 1 = ___   d) 333 – 1 = ___

600 + 1 = ___   500 + 1 = ___   399 + 1 = ___   333 + 1 = ___

○ **5** Nachbarzehner. Zurück zur Zehnerzahl. Vorwärts zur Zehnerzahl.

a) 412 – ___ = 410   b) 537 – ___ = 530   c) 174 – ___ = 170

412 + ___ = 420   537 + ___ = 540   174 + ___ = 180

○ **6** Nachbarhunderter. Zurück zum Nachbarhunderter. Vorwärts zum Nachbarhunderter.

a) 580 – ___ = 500   b) 795 – ___ = 700   c) 930 – ___ = 900

580 + ___ = 600   795 + ___ = 800   930 + ___ = 1 000

d) 105 – ___ = 100   e) 555 – ___ = 500   f) 545 – ___ = 500

105 + ___ = 200   555 + ___ = 600   545 + ___ = 600

1–6 Aufgaben mithilfe des Zahlenstrahls lösen.

→ Schülerbuch, Seiten 34/35 → Vernetzen und Automatisieren 3, Seiten 10/11

Der Rechenstrich

1 Trage die Zahlen ungefähr am Rechenstrich ein.

a) 305, 301, 315, 312, 319

300 305 320

b) 525, 555, 522, 505, 537

500 600

c) 878, 877, 880, 870, 892

850 900

2 Welche Zahl passt? Verbinde.

a) 500 ? 600

590 610

b) 50 ? 100

55 40

c) 250 ? 350

290 352

d) 500 ? 1 000

600 490

3 Ergänze am Rechenstrich bis 1 000.

a) 871 + ____ = 1 000

9 20 100

871 880 900 1 000

b) 718 + ____ = 1 000

718 1 000

c) 187 + ____ = 1 000

187 1 000

d) 178 + ____ = 1 000

178 1 000

1, 2 Zahlen ungefähr am Rechenstrich verorten. **3** Ergänzen bis 1000 am Rechenstrich; erst bis zum Nachbarzehner, dann zum Nachbarhunderter, dann bis zur 1 000.

→ Schülerbuch, Seiten 36/37 → Verstehen und Trainieren 3, Seiten 13 – 15

Rückblick

○ **1** Schreibe die Zahlen.

a) 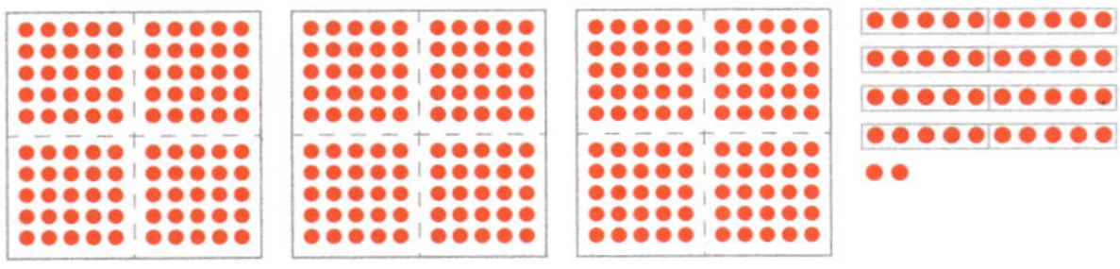

H	Z	E

b) 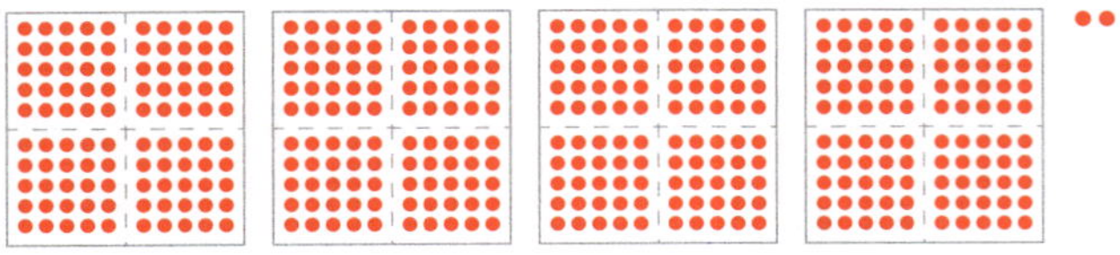

H	Z	E

○ **2** Zeichne die Zahlbilder und zerlege.

a) 323 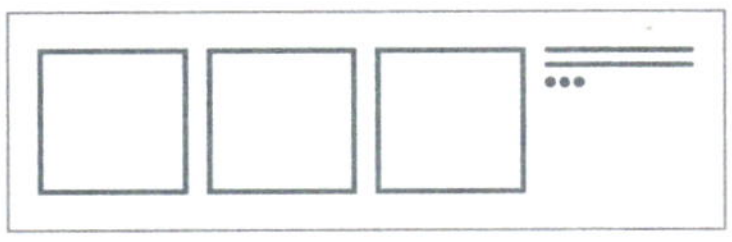

323 = 300 + 20 + 3

b) 232

c) 140

d) 205

○ **3** Zahlen vergleichen: < oder > oder = ?

a) 505 ◯ 550
515 ◯ 505
530 ◯ 513

b) 73 ◯ 730
704 ◯ 740
734 ◯ 743

c) 225 ◯ 220
250 ◯ 205
225 ◯ 275

d) 3H, 4Z ◯ 340
3E, 4H ◯ 430
3H, 4Z, 8E ◯ 430

○ **4** a) Nachbarzahlen.
_____, 220, _____
_____, 480, _____
_____, 972, _____

b) Nachbarzehner.
_____, 220, _____
_____, 480, _____
_____, 972, _____

c) Nachbarhunderter.
_____, 220, _____
_____, 480, _____
_____, 972, _____

○ **5** Zähle in Schritten.

a) Immer + 100: 0, 100, 200, 300, _____, _____, _____, _____, _____, _____, _____
5, 105, _____, _____, _____, _____, _____, _____, _____, _____

b) Immer – 100: 1 000, 900, _____, _____, _____, _____, _____, _____, _____, _____, _____
840, 740, _____, _____, _____, _____, _____, _____, _____

Wesentliche Aspekte des Kapitels noch einmal reflektieren.

→ Schülerbuch, Seite 38

Forschen und Finden: Die Stellentafel

1 Welche Zahl?

a)

H	Z	E
••••••	•••	•••••••••

____

b)

H	Z	E
•	•••••	•••••••••

____

c)

H	Z	E
•••		•••••

____

d)

H	Z	E
•••	•••••••••	••••••

____

e)

H	Z	E
•••••	•••••••••	•

____

f)

H	Z	E
•••	•••••	

____

g)

H	Z	E
•••••	••••••	

____

h)

H	Z	E
•••••		••••••

____

i)

H	Z	E
	•••••	••••••

____

2 Lege 1 Plättchen dazu. Welche Zahlen können es sein?

a)

H	Z	E	
•••••	••	•••	523
•••••	••	••••	524
•••••	•••	•••	533
			____

b)

H	Z	E	
•••	••	•••••	325
			____
			____
			____

c)

H	Z	E	
•••••		•••	503
			____
			____
			____

3 Nimm ein Plättchen weg. Welche Zahlen können es sein?

a)

H	Z	E	
••••	••	•	421
•••	••	•	321
			____
			____

b)

H	Z	E	
••••	•	••	412
			____
			____
			____

c)

H	Z	E	
••	•	••••	214
			____
			____
			____

4 Verschiebe ein Plättchen. Welche Zahlen können es sein?

a)

H	Z	E	
••		••••••••	208
			____
			____
			____
			____

b)

H	Z	E	
••	••••••••		280
			____
			____
			____
			____

c)

H	Z	E	
••••••••		••	802
			____
			____
			____
			____

1–4 Ausgangszahlen durch Hinzufügen, Wegnehmen oder Verschieben von Plättchen verändern; passende Rechnungen notieren.

→ Schülerbuch, Seite 39 → Probieren und Kombinieren 3, Seiten 16/17

Längen: Zentimeter und Meter

○ **1** Zeichne die Strecken.

a) 2 cm b) 3 cm c) 4 cm d) 5 cm e) 6 cm f) 7 cm

○ **2** Zeichne die Strecken.

a) 0,10 m b) 0,05 m c) 0,04 m d) 0,03 m e) 0,02 m f) 0,01 m

◒ **3** Ordne der Länge nach. Beginne mit der kleinsten Länge.

2 m | ~~0,22 m~~ | ~~12 cm~~ | 222 cm | 122 cm | 1,02 m | 1,20 m | 202 cm

12 cm < 0,22 m < ______ < ______ < ______ < ______ < ______ < ______

○ **4** Schreibe auf verschiedene Weisen.

a)

8 m 60 cm		
	680 cm	
		8,06 m

b)

	608 cm	
		0,86 m
0 m 68 cm		

◒ **5** Setze ein: cm oder m?

a) Eric ist 225 ______ weit gesprungen.

b) Finn ist 5 ______ weiter als Eric gesprungen.

c) Esra ist 1,91 ______ weit gesprungen.

d) Lilly ist 2,03 ______ weit gesprungen.

e) Wäre Anna 2 ______ weiter gesprungen, hätte sie 10 Punkte bekommen.

f) Sophie ist 211 ______ weit gesprungen.

◒ **6** Setze ein: cm oder m?

a) Der Frosch ist nur 5 ______ groß. Er kann aber 1,80 ______ weit springen.

b) Das Eichhörnchen ist nur 0,20 ______ groß. Aber es kann 90 ______ weit springen.

c) Die Waldmaus ist nur 0,08 ______ groß. Sie kann aber 200 ______ weit springen.

1, 2 Strecken zeichnen. **3** Längen der Größe nach ordnen. Mit der kleinsten beginnen. **4** Verschiedene Schreibweisen für eine vorgegebene Strecke notieren. **5, 6** Richtige Längenmaße einsetzen: cm oder m.

→ Schülerbuch, Seiten 42/43

Längen: Zentimeter und Millimeter

1 Zeichne die Strecken.

a) 25 mm b) 45 mm c) 65 mm d) 85 mm e) 105 mm

2 Zeichne die Strecken.

a) 2 cm 5 mm b) 1 cm 7 mm c) 4 cm 5 mm d) 0 cm 3 mm e) 6 cm 2 mm

3 Ordne der Länge nach. Beginne mit der kleinsten Länge.

a) 3 cm 1 mm | 23 mm | 40 mm | 3 cm 8 mm | 12 cm | ~~11 mm~~

11 mm < ______ < ______ < ______ < ______ < ______

b) 10 mm | 1 cm 1 mm | 11 cm | 1 mm | 100 mm | 100 cm

______ < ______ < ______ < ______ < ______ < ______

4 Setze ein: mm oder cm?

a) Eine Blattlaus ist ungefähr 5 ______ lang.
b) Eine Hummel ist ungefähr 2 ______ lang.
c) Eine Wespe ist ungefähr 12 ______ lang.
d) Eine Fliege ist ungefähr 1 ______ lang.

5 Setze ein: mm oder cm?

a) Der Distelfalter hat eine Flügelspannweite von 5 ______ und 2 ______.
b) Das Tagpfauenauge hat eine Flügelspannweite von 6 ______.
c) Der Distelfalter hat eine Körperlänge von 26 ______.
d) Eine Schmetterlingsraupe kann bis zu 40 ______ groß werden.

1, 2 Strecken zeichnen. **3** Längen der Größe nach ordnen. Mit der kleinsten beginnen. **4, 5** Richtiges Längenmaß einsetzen: mm oder cm.

→ Schülerbuch, Seiten 44/45

Einfache Aufgaben

○ **1** Mit Hundertern rechnen.

a) 100 + 34 = ____

200 + 34 = ____

300 + 34 = ____

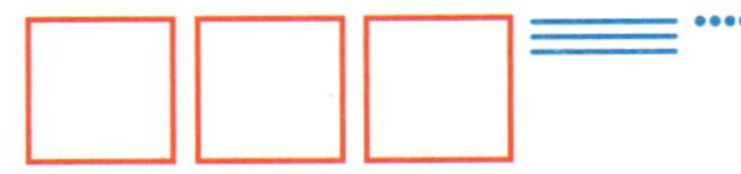

b) 100 + 48 = ____	c) 57 + 200 = ____	d) 179 − 100 = ____	e) 633 − 200 = ____
300 + 48 = ____	57 + 400 = ____	279 − 100 = ____	633 − 300 = ____
500 + 48 = ____	57 + 600 = ____	379 − 100 = ____	633 − 400 = ____
700 + 48 = ____	57 + 800 = ____	479 − 100 = ____	633 − 500 = ____

○ **2** Mit Zehnern rechnen.

a) 114 + 20 = ____

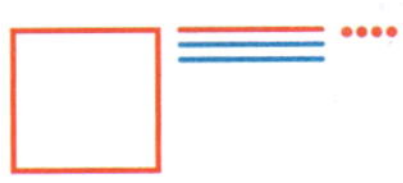

214 + 20 = ____

314 + 20 = ____

b) 156 + 30 = ____	c) 417 + 30 = ____	d) 198 − 10 = ____	e) 385 − 20 = ____
356 + 30 = ____	417 + 50 = ____	198 − 20 = ____	585 − 40 = ____
556 + 30 = ____	417 + 70 = ____	198 − 30 = ____	785 − 60 = ____
756 + 30 = ____	417 + 90 = ____	198 − 40 = ____	985 − 80 = ____

○ **3** Mit Einern rechnen.

a) 131 + 4 = ____

231 + 4 = ____

331 + 4 = ____

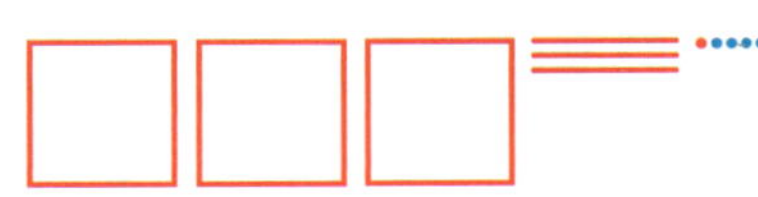

b) 341 + 5 = ____	c) 783 + 3 = ____	d) 189 − 2 = ____	e) 787 − 1 = ____
541 + 5 = ____	783 + 5 = ____	189 − 4 = ____	787 − 3 = ____
741 + 5 = ____	783 + 7 = ____	189 − 6 = ____	787 − 5 = ____
941 + 5 = ____	783 + 9 = ____	189 − 8 = ____	787 − 7 = ____

○ **4** Einfache Aufgaben.

a) 143 + 4 = ____

143 + 20 = ____

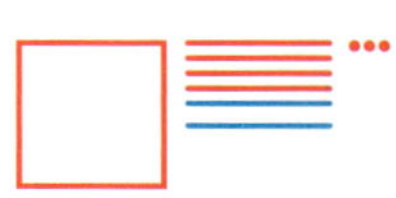

143 + 24 = ____

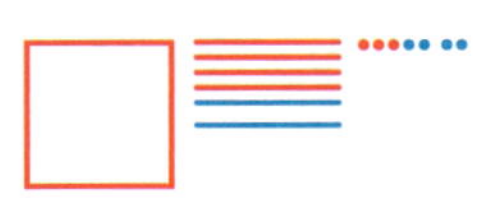

b) 532 + 4 = ____	c) 245 + 3 = ____	d) 178 − 5 = ____	e) 457 − 6 = ____
532 + 30 = ____	245 + 50 = ____	178 − 40 = ____	457 − 20 = ____
532 + 34 = ____	245 + 53 = ____	178 − 45 = ____	457 − 26 = ____

1–4 Strukturen aus dem Hunderterraum auf einfache Aufgaben im Tausenderraum übertragen.

Verdoppeln und Halbieren

○ **1** Verdopple.

a) 273 + 273 =

200 + 200 = 400
70 + 70 = 140
3 + 3 = 6

b) 267 + 267 =

c) 391 + 391 =

d) 435 + 435 =

e) 107 + 107 =

○ **2** Halbiere.

a) 452 = +

400 = 200 + 200
50 = 25 + 25
2 = 1 + 1

b) 248 = +

c) 682 = +

d) 518 = +

e) 710 = +

f) 408 = +

g) 450 = +

◒ **3** a) Lea hat 576 Euro auf ihrem Sparkonto. 
Sie hat **doppelt so viel** Geld wie Justus. [?]

b) Jan hat 248 Euro. 
Er hat **halb so viel** Geld wie Julia. [?]

1, 2 Stellengerechtes Verdoppeln und Halbieren vertiefen. 3 Fragen zu Textaufgaben finden und beantworten.

→ Schülerbuch, Seiten 48/49 → Verstehen und Trainieren 3, Seiten 18/19 → Vernetzen und Automat. 3, Seiten 14–16

Rechenwege bei der Addition

○ **1** Rechne wie Marta oder wie Anton. **324 + 435**

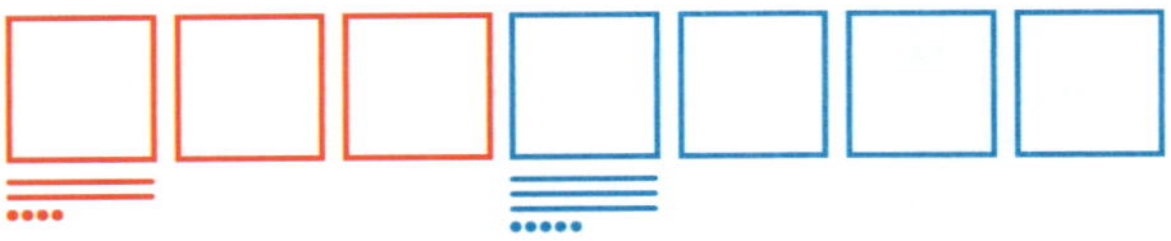

H, Z, E

324 + 435 = 759
300 + 400 = 700
20 + 30 = 50
4 + 5 = 9

Marta

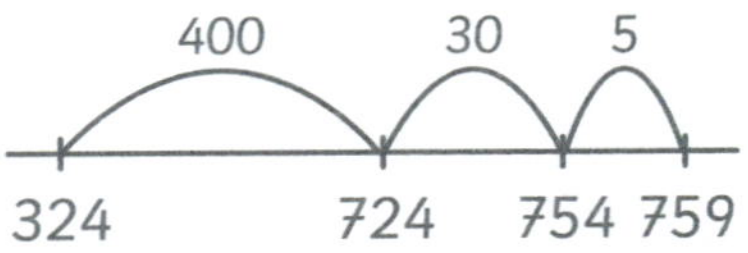

S

324 + 435 = 759
324 + 400 = 724
724 + 30 = 754
754 + 5 = 759

Anton

a) 324 + 435 = ____

b) 362 + 237 = ____

c) 641 + 138 = ____

d) 685 + 232 = ____

e) 429 + 358 = ____

f) 491 + 153 = ____

○ **2** **S**chrittweise. Rechne und zeichne am Rechenstrich.

a) 125 + 342 = ____

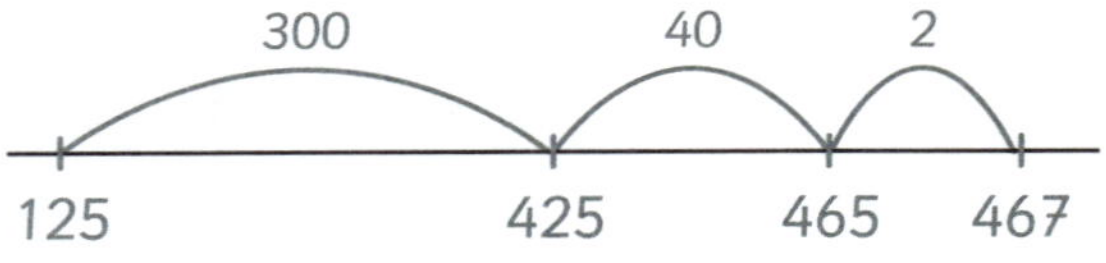

b) 642 + 135 = ____

c) 352 + 138 = ____

d) 634 + 137 = ____

○ **3** **H**ilfsaufgaben. Rechne und zeichne am Rechenstrich.

a) 126 + 198 = ____

b) 485 + 299 = ____

1–3 Halbschriftliche Strategien auf den Tausenderraum übertragen.

→ Schülerbuch, Seiten 50/51

Rechenwege bei der Subtraktion

○ **1** Rechne wie Mila oder wie Eric. **364 – 156**

H, Z, E

364 – 156 = 208
300 – 100 = 200
60 – 50 = 10
4 – 6 = – 2

Mila

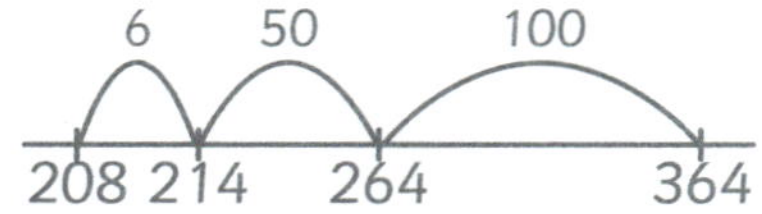

S

364 – 156 = 208
364 – 100 = 264
264 – 50 = 214
214 – 6 = 208

Eric

a) 364 – 156 = ____

b) 576 – 143 = ____

c) 482 – 351 = ____

d) 684 – 256 = ____

e) 463 – 125 = ____

f) 738 – 257 = ____

○ **2** **S**chrittweise. Rechne und zeichne am Rechenstrich.

a) 437 – 135 = ____

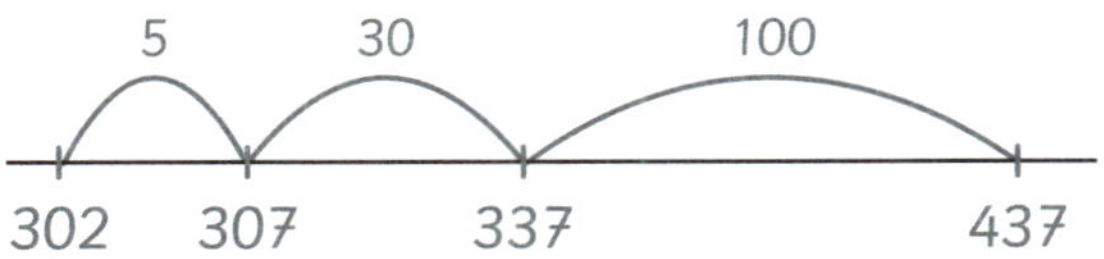

b) 518 – 326 = ____

c) 543 – 176 = ____

d) 435 – 257 = ____

◒ **3** **H**ilfsaufgaben. Rechne und zeichne am Rechenstrich.

a) 465 – 128 = ____

b) 531 – 199 = ____

1–3 Halbschriftliche Strategien auf den Tausenderraum übertragen.

→ Schülerbuch, Seiten 52/53

Abziehen und Ergänzen

1 Wie ergänzt du? Zeichne den Rechenweg am Rechenstrich ein.

a) 129 + ______ = 365

129

b) 236 + ______ = 365

236

c) 258 + ______ = 730

258

d) 472 + ______ = 730

472

e) 583 + ______ = 841

583

2 Ergänzen. Schreibe die fehlenden Zahlen an den Rechenstrich.

a)

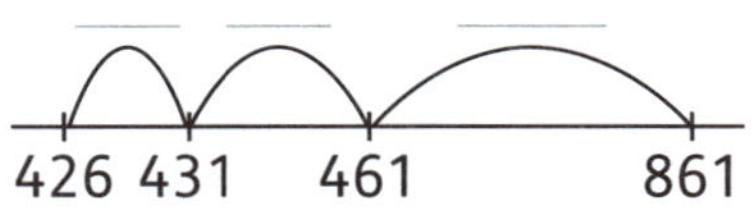

426 + ______ = 861

b)

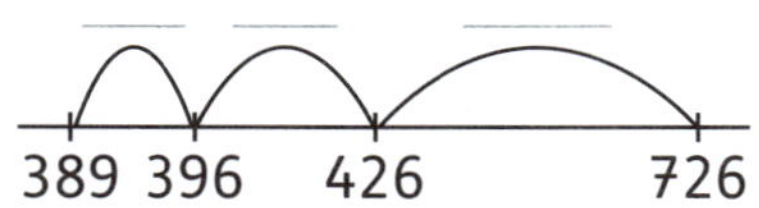

389 + ______ = 726

c)

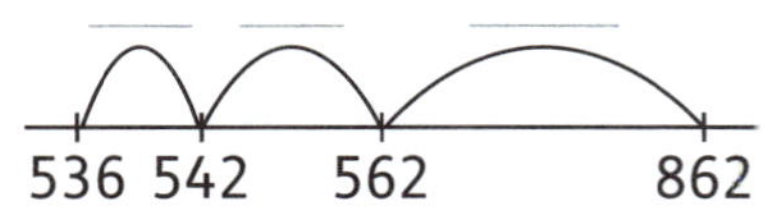

536 + ______ = 862

d)

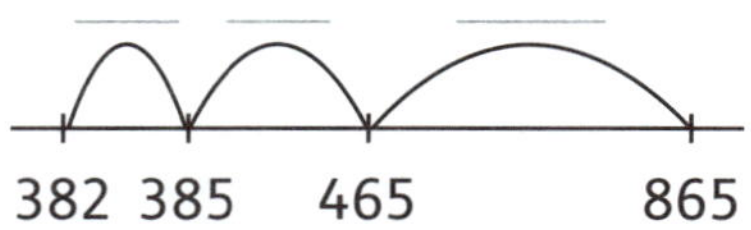

382 + ______ = 865

e)

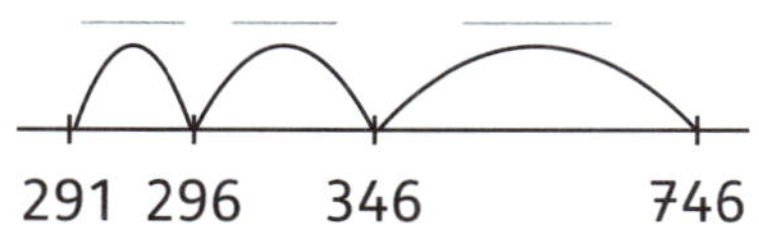

291 + ______ = 746

f)

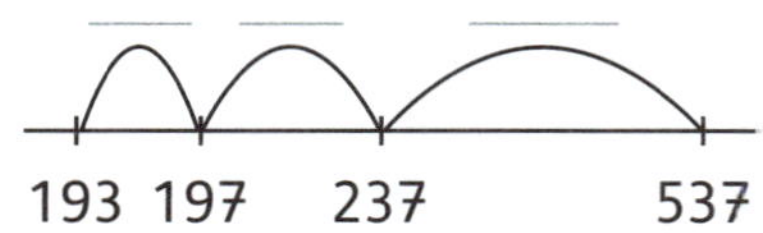

193 + ______ = 537

3 Abziehen. Schreibe die fehlenden Zahlen an den Rechenstrich.

a)

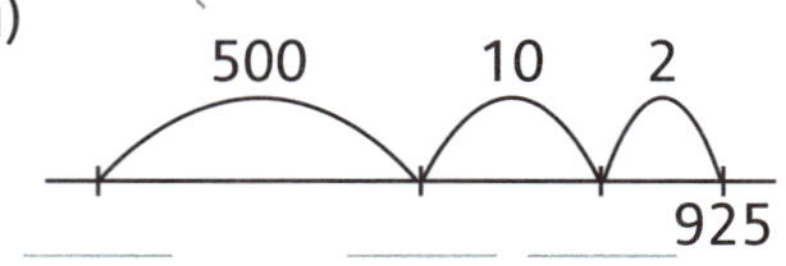

925 − 512 = ______

b)

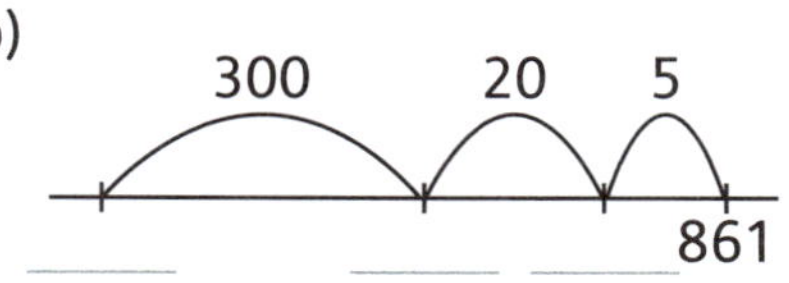

861 − 325 = ______

c)

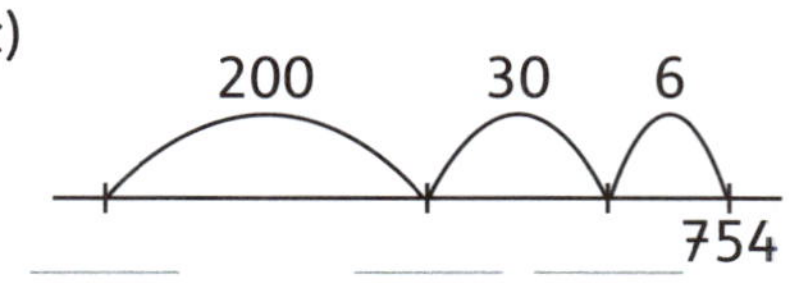

754 − 236 = ______

1–3 Ergänzungsstrategien vertiefen und dann zunehmend bewusst wählen.

→ Schülerbuch, Seiten 54/55 → Verstehen und Trainieren 3, Seite 25 → Vernetzen und Automat. 3, Seite 12

1 Beginne immer mit einer einfachen Aufgabe. Kreuze sie an und vergleiche.

a) 157 + 195 = ___
157 + 200 = ___
157 + 205 = ___

b) 144 + 153 = ___
147 + 153 = ___
150 + 150 = ___

c) 479 – 200 = ___
479 – 198 = ___
479 – 196 = ___

d) 736 – 55 = ___
736 – 5 = ___
736 – 105 = ___

2 Verdopple 362.

3 Halbiere 352.

4 Rechne mit einer **H**ilfsaufgabe. Zeichne am Rechenstrich.

a) 387 + 198 = ___

b) 496 + 99 = ___

c) 732 – 298 = ___

d) 950 – 348 = ___

5 Ergänze und zeichne am Rechenstrich.

a) 341 + ___ = 752

341

b) 297 + ___ = 543

297

6 Wie rechnest du? Schreibe deinen Rechenweg auf oder zeichne einen Rechenstrich.

a) 3 1 4 + 2 5 8 =

b) 4 3 6 – 2 2 9 =

Wesentliche Aspekte des Kapitels noch einmal reflektieren.

→ Schülerbuch, Seite 56

Forschen und Finden: Zahlenpaare am Tausenderbuch

1 Addiere immer die beiden Zahlen. Vergleiche die Summen. Was fällt dir auf?

301				305					
	312				316				
		323				327			
			334						
341				345					
	352				356				
						367			
							378		
								389	
									400

a)
323 / ■ / 343 — 323 + ____ = ____
324 / ■ / 344 — ____ + ____ = ____
325 / ■ / 345 — ____ + ____ = ____

b)
312 / ■ / 332 — 312 + ____ = ____
322 / ■ / 342 — ____ + ____ = ____
332 / ■ / 352 — ____ + ____ = ____

c)
332 ■ 334 — ____ + ____ = ____
333 ■ 335 — ____ + ____ = ____
334 ■ 336 — ____ + ____ = ____
335 ■ 337 — ____ + ____ = ____

d)
321 ■ 323 — ____ + ____ = ____
322 ■ 324 — ____ + ____ = ____
323 ■ 325 — ____ + ____ = ____
324 ■ 326 — ____ + ____ = ____

2 Findest du immer zwei passende Zahlenpaare zur Summe …

a) … 678?
☐ ■ ☐ — ____ + ____ = ____
☐ / ■ / ☐ — ____ + ____ = ____

b) … 680?
☐ ■ ☐ — ____ + ____ = ____
☐ / ■ / ☐ — ____ + ____ = ____

c) … 648?
☐ ■ ☐ — ____ + ____ = ____
☐ / ■ / ☐ — ____ + ____ = ____

d) … 649?
☐ ■ ☐ — ____ + ____ = ____
☐ / ■ / ☐ — ____ + ____ = ____

1, 2 Summen von Zahlenpaaren mit dem Abstand 2 (20) untersuchen. Die Auffälligkeiten und Vorgehensweisen mündlich besprechen.

→ Schülerbuch, Seite 57 → Verstehen und Trainieren 3, Seiten 10/11 → Vernetzen und Automatisieren 3, Seiten 8/9

Formen aus Quadraten

○ **1** Immer 2 Formen sind gleich. Verbinde.

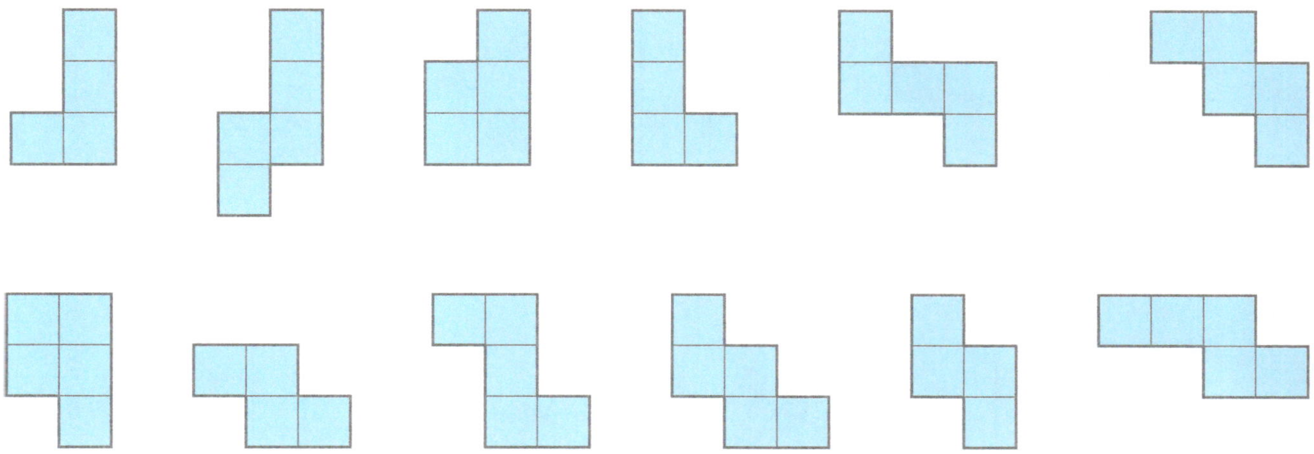

◒ **2** Lege die Form mit genau zwei Fünflingen. Finde weitere Lösungen. Zeichne.

a)

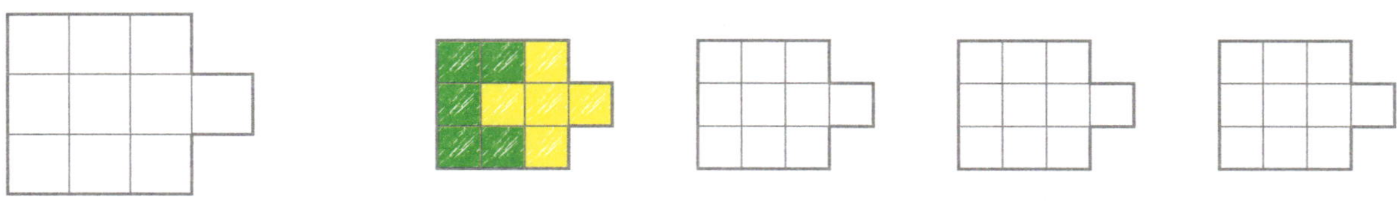

b)

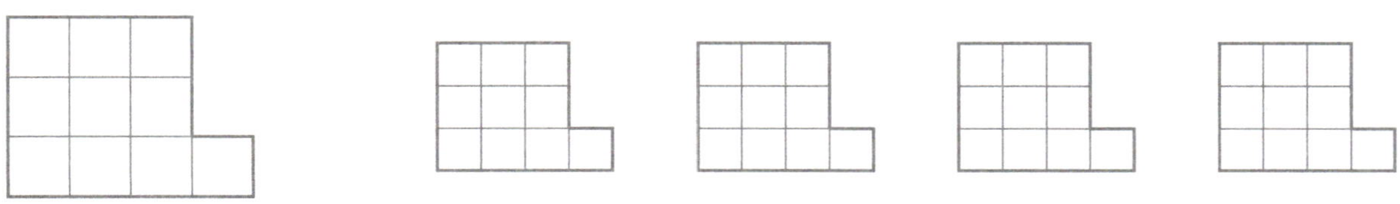

◒ **3** Lege immer ein Quadrat um. Markiere, setze fort und zeichne.

a)

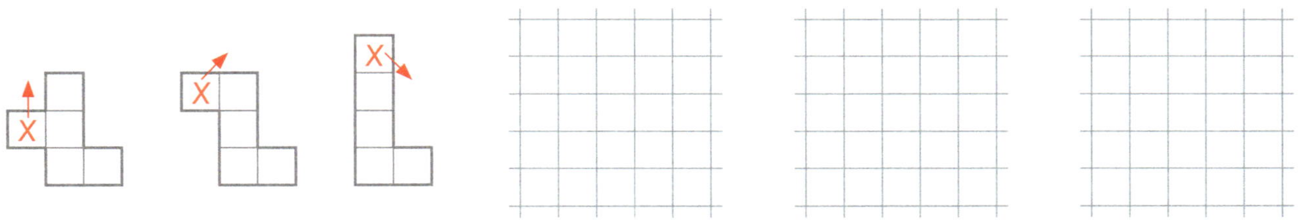

b)

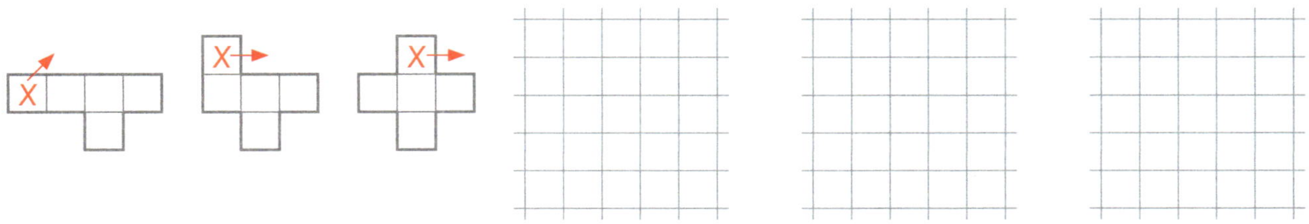

c)

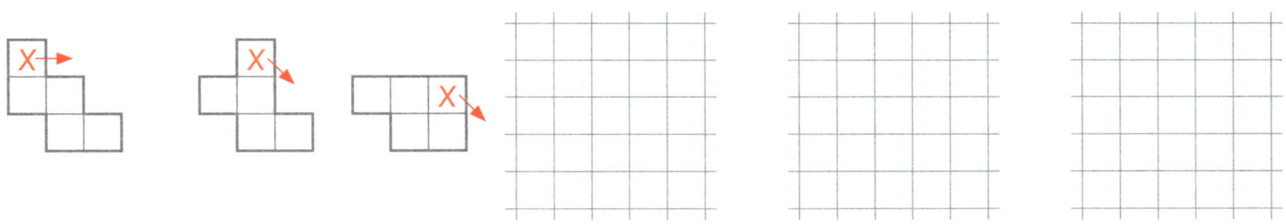

1 Gleiche Formen verbinden. Gespiegelte und gedrehte gelten als gleich. 2 Form mit genau zwei Fünflingen auslegen. Figur links zum Nachlegen, die weiteren Figuren zum Zeichnen benutzen. 3 Muster fortsetzen. Vier Quadrate bleiben immer gleich. Das fünfte Quadrat ändert die Position im Uhrzeigersinn. Es wird markiert.

→ Schülerbuch, Seiten 58/59

Würfelnetze

○ **1** Immer zwei Sechslinge zeigen das gleiche Würfelnetz. Verbinde.

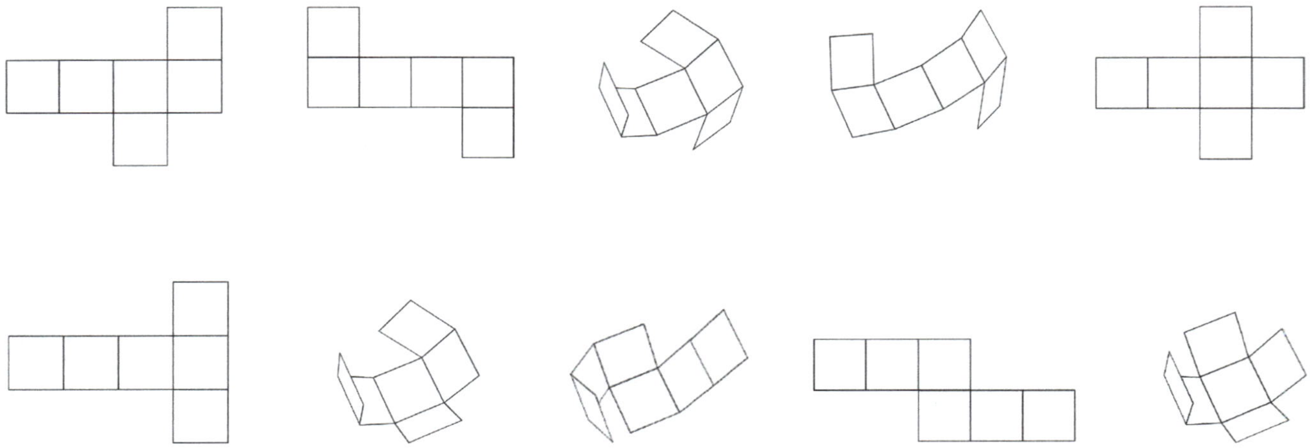

◒ **2** Lege zu dem Fünfling immer ein Quadrat hinzu. Welche Sechslinge können entstehen? Zeichne.
Welche davon sind Würfelnetze?

a)

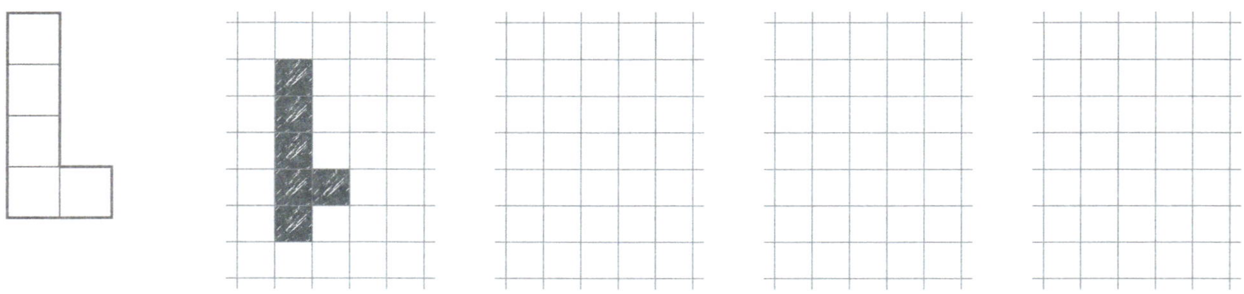

Würfelnetz? ☐ ja nein ☒ ☐ ja nein ☐ ☐ ja nein ☐ ☐ ja nein ☐

b)

Würfelnetz? ☐ ja nein ☐ ☐ ja nein ☐ ☐ ja nein ☐ ☐ ja nein ☐

◒ **3** Ergänze die Augenzahlen.

a)

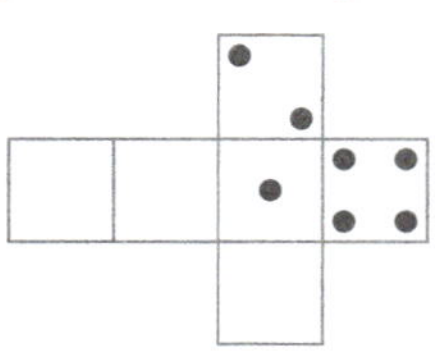

b)

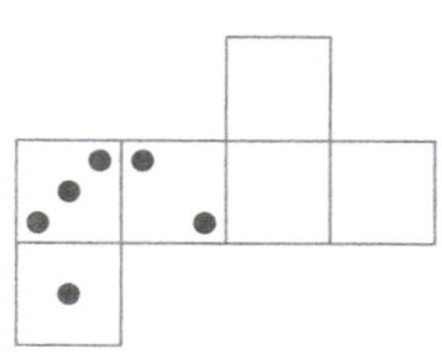

c)

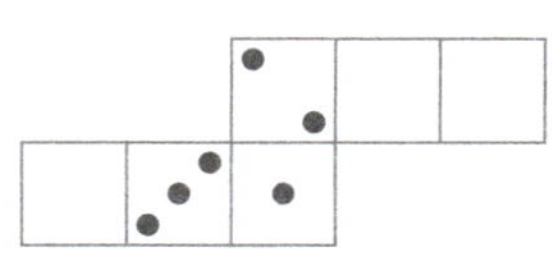

1 Gleiche Würfelnetze miteinander verbinden. **2** Aus einem Fünfling einen Sechsling machen. Entscheiden, ob sich der neue Sechsling zu einem Würfel falten lässt **3** Würfelaugen eintragen. Dabei beachten, dass gegenüberliegen Flächen zusammen 7 ergeben.

→ Schülerbuch, Seiten 60/61

Malaufgaben zerlegen

○ **1** Rechne mit dem Malkreuz.

a) 3 · 15

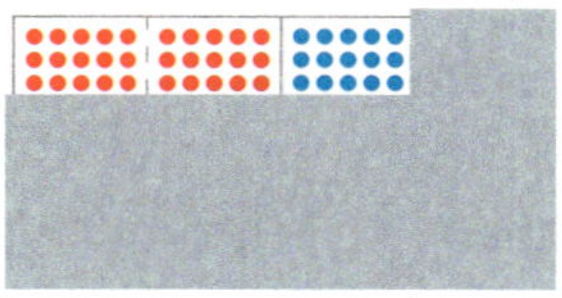

·	10	5
3		

b) 7 · 16

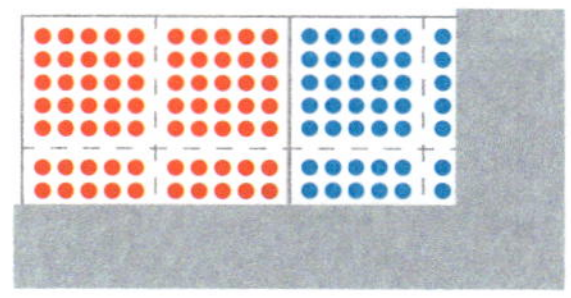

·	10	6
7		

c) 8 · 14

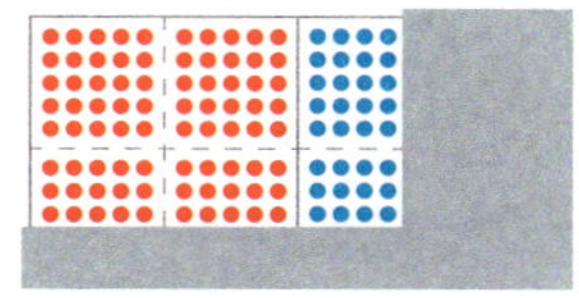

·	10	4
8		

d) 3 · 19

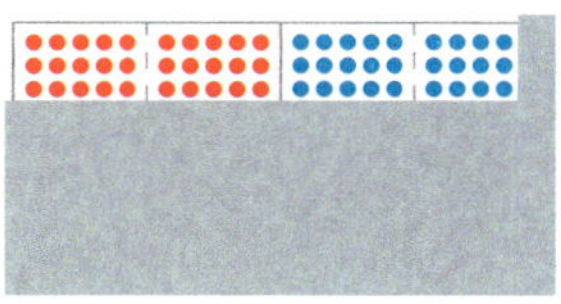

·	10	9
3		

e) 7 · 13

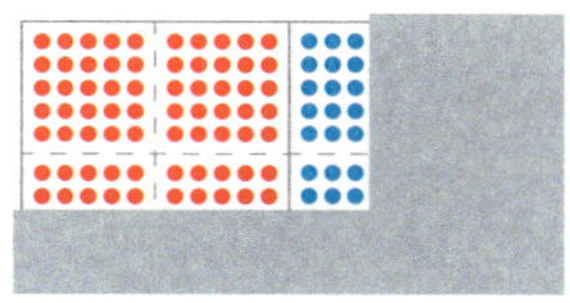

·	10	3
7		

f) 8 · 19

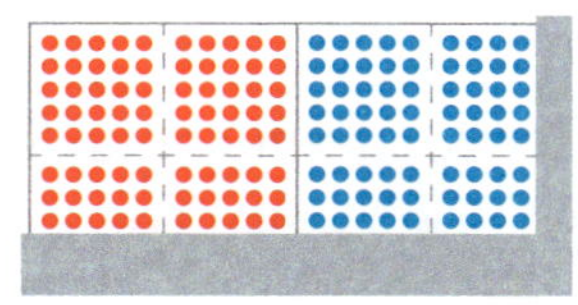

·	10	9
8		

○ **2** Rechne mit dem Malkreuz.

a)

·	10	4
6		

b)

·	10	7
5		

c)

·	10	6
4		

○ **3** Rechne mit dem Malkreuz.

Ein Dutzend sind 12 Stück.

a) 5 Dutzend

5 · 12 = ______

·	10	2
5		

b) 7 Dutzend

______

·		

c) 9 Dutzend

______

·		

d) Peter kauft für seine Geburtstagsfeier drei Dutzend rote Bonbons und zwei Dutzend blaue Bonbons. Wie viele Bonbons kauft er insgesamt?

1–3 Malaufgaben am 200er-Feld mit Malwinkel in einfache Malaufgaben zerlegen und am Malkreuz darstellen.

→ Schülerbuch, Seiten 62/63 → Verstehen und Trainieren 3, Seiten 26/27

Malaufgaben zerlegen

1 Schöne Päckchen.

a)

2 · 9 = ___	6 · 2 = ___	7 · 2 = ___	2 · 8 = ___	5 · 2 = ___
4 · 9 = ___	6 · 4 = ___	7 · 4 = ___	4 · 8 = ___	5 · 4 = ___
8 · 9 = ___	6 · 8 = ___	7 · 8 = ___	8 · 8 = ___	5 · 8 = ___
16 · 9 = ___	6 · 16 = ___	7 · 16 = ___	16 · 8 = ___	5 · 16 = ___

b)

3 · 7 = ___	9 · 3 = ___	8 · 3 = ___	3 · 6 = ___	3 · 5 = ___
6 · 7 = ___	9 · 6 = ___	8 · 6 = ___	6 · 6 = ___	6 · 5 = ___
9 · 7 = ___	9 · 9 = ___	8 · 9 = ___	9 · 6 = ___	9 · 5 = ___
12 · 7 = ___	9 · 12 = ___	8 · 12 = ___	12 · 6 = ___	12 · 5 = ___

2 Die Kinder rechnen 18 · 6.

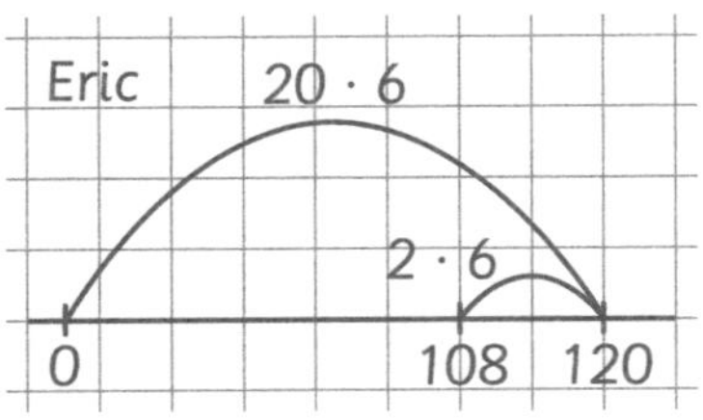

Till 18 · 6 = 60 + 48 = 108

Ina

·	10	8
6	60	48

108

Max 18, 36, 54, 72, 90, 108

Wie rechnest du? Schreibe deinen Rechenweg auf.

a) 15 · 6 = ___

b) 3 · 18 = ___

c) 13 · 7 = ___

d) 4 · 17 = ___

e) 14 · 8 = ___

f) 6 · 16 = ___

1, 2 Rechenwege zu großen Malaufgaben erkunden, anwenden und zuordnen. 1 Verdopplungsaufgaben sehen und geschickt nutzen (ggf. letzte Aufgabe in Serie mit dem Malkreuz berechnen).

→ Schülerbuch, Seiten 62/63

Das Zehnereinmaleins

○ **1** Multipliziere mit Einern und Zehnern.

a) 

3 · 5 = ___
3 · 50 = ___

b) 

6 · 4 = ___
6 · 40 = ___

c) 5 · 8 = ___
5 · 80 = ___

d) 7 · 6 = ___
7 · 60 = ___

e) 9 · 4 = ___
9 · 40 = ___

f) 8 · 7 = ___
8 · 70 = ___

g) 4 · 7 = ___
4 · 70 = ___

h) 8 · 3 = ___
8 · 30 = ___

i) 6 · 5 = ___
6 · 50 = ___

j) 8 · 9 = ___
8 · 90 = ___

○ **2** Rechne zuerst die passende Aufgabe des kleinen Einmaleins.

a) 5 · 6 = ___
5 · 60 = ___

b) ___ · ___ = ___
6 · 50 = ___

c) ___ · ___ = ___
5 · 70 = ___

d) ___ · ___ = ___
9 · 30 = ___

e) ___ · ___ = ___
7 · 60 = ___

f) ___ · ___ = ___
6 · 70 = ___

g) ___ · ___ = ___
7 · 70 = ___

h) ___ · ___ = ___
8 · 80 = ___

○ **3** Rechne Aufgabe und Tauschaufgabe.

3 · 60 = 180	___ · 70 = 280	___ · 50 = 500	___ · 80 = 240
60 · ___ = 180	70 · ___ = 280	50 · ___ = 500	___ · ___ = 240
___ · 30 = 180	___ · 40 = 280	___ · 10 = 500	___ · 30 = 240
30 · ___ = 180	40 · ___ = 280	10 · ___ = 500	___ · ___ = 240

○ **4**

24 : 4 = ___	48 : 6 = ___	54 : 6 = ___	56 : 8 = ___
240 : 4 = ___	480 : 6 = ___	540 : 6 = ___	560 : 8 = ___
240 : 40 = ___	480 : 60 = ___	540 : 60 = ___	560 : 80 = ___

○ **5** a)

72 : 8 = ___	64 : 8 = ___	48 : 8 = ___	32 : 8 = ___
720 : 8 = ___	640 : 8 = ___	480 : 8 = ___	320 : 8 = ___
720 : 80 = ___	640 : 80 = ___	480 : 80 = ___	320 : 80 = ___

b)

72 : 9 = ___	63 : 9 = ___	45 : 9 = ___	36 : 9 = ___
720 : 9 = ___	630 : 9 = ___	450 : 9 = ___	360 : 9 = ___
720 : 90 = ___	630 : 90 = ___	450 : 90 = ___	360 : 90 = ___

1–5 Zehnerzahlen multiplizieren und dividieren. Aufgaben in Beziehung zueinander und zum kleinen Einmaleins setzen.

→ Schülerbuch, Seiten 64/65 → Verstehen und Trainieren 3, Seiten 30–32

Die Zehnereinmaleins-Tafel

1 Rechne und vergleiche. Male die einfachen Aufgaben an.

a)

6 · 20 = ___

7 · 30 = ___

5 · 30 = ___

6 · 40 = ___

4 · 40 = ___

b)

8 · 50 = ___

9 · 60 = ___

7 · 60 = ___

6 · 70 = ___

c)

4 · 30 = ___

5 · 40 = ___

6 · 50 = ___

3 · 40 = ___

4 · 50 = ___

5 · 60 = ___

2 Rechne und vergleiche.

4 · 30 = ___	5 · 70 = ___	9 · 30 = ___	6 · 40 = ___	4 · 90 = ___
3 · 40 = ___	7 · 50 = ___	3 · 90 = ___	4 · 60 = ___	9 · 40 = ___

3 Rechne Aufgabe und Umkehraufgabe.

36 · 10 = ___	10 · 42 = ___	3 · 100 = ___	7 · 100 = ___	60 · 10 = ___
360 : 10 = ___	420 : 10 = ___	300 : 100 = ___	700 : 100 = ___	600 : 10 = ___

4 Finde passende Malaufgaben.

120	180	240	200
2 ·			

Rechenwege bei der Multiplikation

1 Welche Aufgaben rechnen die Kinder? Verbinde.

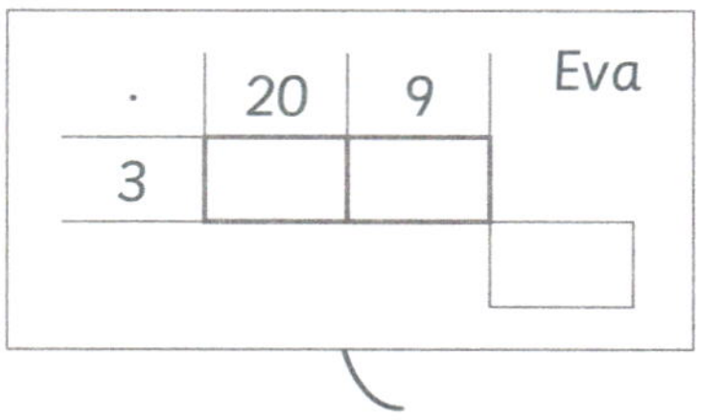

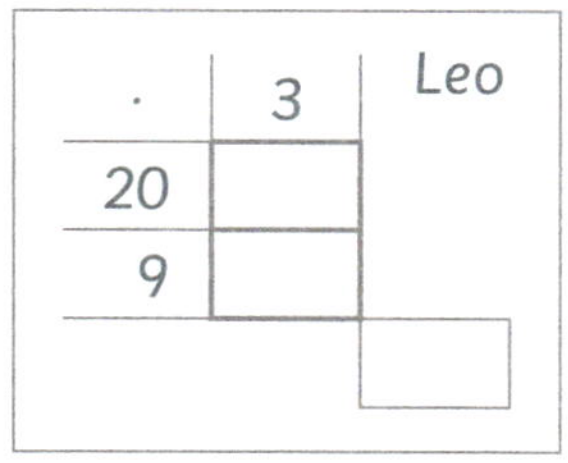

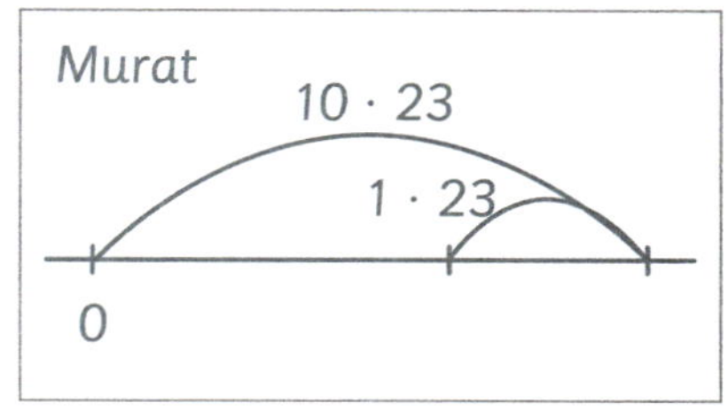

9 · 23 | 23 · 9 | 3 · 29 | 29 · 3

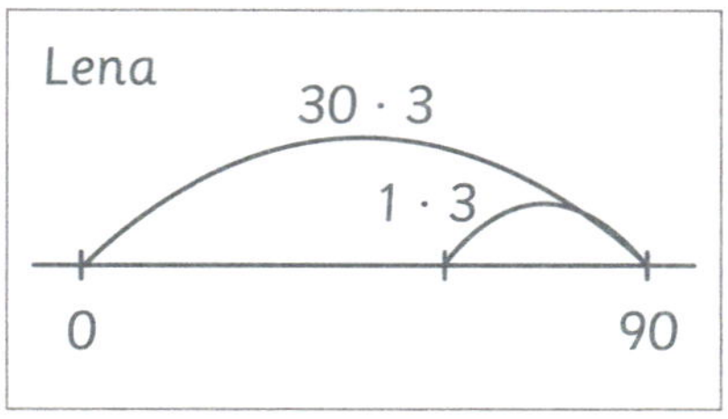

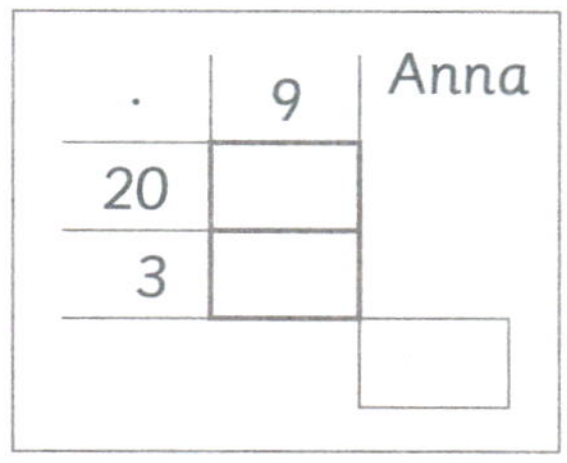

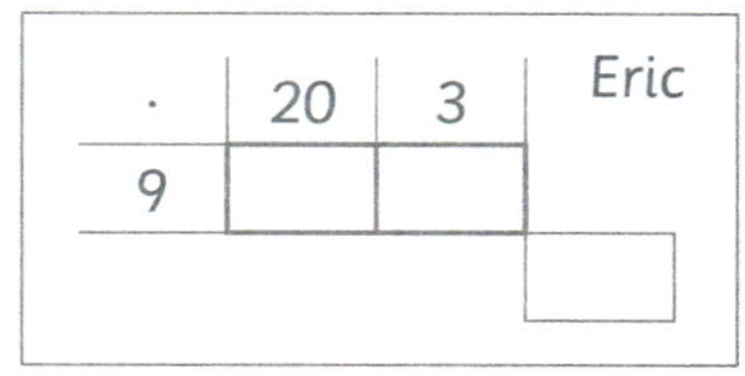

2 Wie rechnest du?

a) 9 · 36

b) 9 · 77

c) 7 · 29

3 Schöne Päckchen. Was fällt dir auf? Setze fort.

a)
3 · 5 = ____
3 · 15 = ____
3 · 25 = ____

b)
5 · 6 = ____
5 · 26 = ____
5 · 46 = ____

c)
8 · 80 = ____
8 · 75 = ____
8 · 70 = ____

d)
4 · 60 = ____
5 · 50 = ____
6 · 40 = ____

4 Welche Aufgaben haben das gleiche Ergebnis? Vergleiche und verbinde.

a)

26 + 13	2 · 13
13 + 13	3 · 13
26 + 26	4 · 13
130 − 13	5 · 13
130 − 26	8 · 13
130 : 2	9 · 13

b)

17 + 17	8 · 17
170 − 34	4 · 17
34 + 34	2 · 17
34 + 17	5 · 17
170 : 2	9 · 17
170 − 17	3 · 17

1, 2 Rechenwege sichern und anwenden. Beziehungen zwischen mal 10 und mal 9 erkunden. **3** Schöne Päckchen beschreiben und fortsetzen. **4** Großes Einmaleins vertiefen.

→ Schülerbuch, Seiten 68/69

Rückblick

○ **1** Zerlege und rechne.

a) $6 \cdot 15$

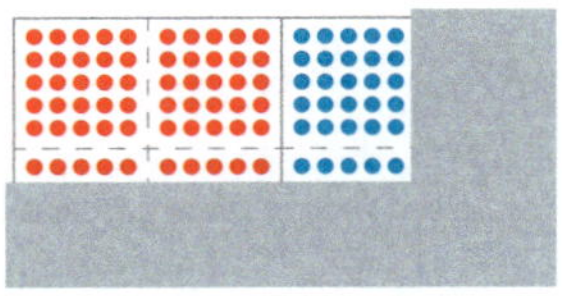

b) $5 \cdot 17$

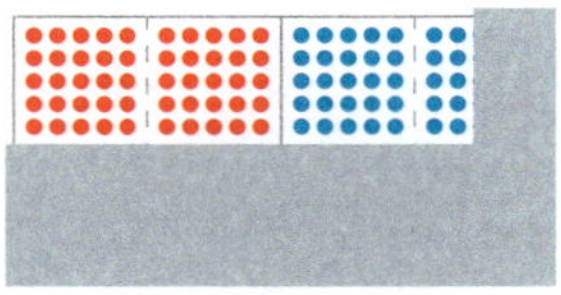

c) $3 \cdot 19$

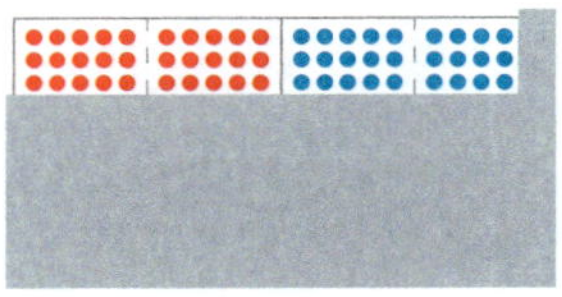

○ **2** Rechne mit dem Malkreuz.

a) $7 \cdot 13 =$ ___

b) $3 \cdot 16 =$ ___

c) $5 \cdot 18 =$ ___

○ **3** Mit Zehnern rechnen.

a)	b)	c)	d)
$3 \cdot 10 =$ ___	$40 \cdot 10 =$ ___	$5 \cdot 100 =$ ___	$8 \cdot 10 =$ ___
$30 \cdot 10 =$ ___	$10 \cdot 40 =$ ___	$50 \cdot 10 =$ ___	$80 \cdot 10 =$ ___
$300 : 10 =$ ___	$400 : 4 =$ ___	$500 : 10 =$ ___	$80 : 10 =$ ___

○ **4** Rechne geschickt.

a) $8 \cdot 6 =$ ___ $6 \cdot 8 =$ ___
$8 \cdot 16 =$ ___ $6 \cdot 18 =$ ___

b) $2 \cdot 7 =$ ___ $7 \cdot 2 =$ ___
$2 \cdot 17 =$ ___ $7 \cdot 12 =$ ___

c) $3 \cdot 4 =$ ___ $4 \cdot 3 =$ ___
$3 \cdot 14 =$ ___ $4 \cdot 13 =$ ___

d) $5 \cdot 8 =$ ___ $8 \cdot 5 =$ ___
$5 \cdot 18 =$ ___ $8 \cdot 15 =$ ___

○ **5** Rechne geschickt.

a)	b)	c)	d)
$24 : 8 =$ ___	$40 : 4 =$ ___	$35 : 5 =$ ___	$32 : 8 =$ ___
$240 : 8 =$ ___	$400 : 4 =$ ___	$350 : 5 =$ ___	$320 : 8 =$ ___

e)	f)	g)	h)
$42 : 6 =$ ___	$49 : 7 =$ ___	$63 : 9 =$ ___	$100 : 10 =$ ___
$420 : 60 =$ ___	$490 : 70 =$ ___	$630 : 90 =$ ___	$1000 : 100 =$ ___

1–5 Wesentliche Aspekte des Kapitels noch einmal reflektieren.

→ Schülerbuch, Seite 70

Forschen und Finden: Malkreuz

1 Rechne aus. Berechne dann den Unterschied. Was fällt dir auf?

a) 8 · 19 und 9 · 18

·	10	9
8		

8 · 19 = ____

·	10	8
9		

9 · 18 = ____

Unterschied: ____

b) 6 · 17 und 7 · 16

·	10	7
6		

6 · 17 = ____

·	10	6
7		

7 · 16 = ____

Unterschied: ____

c) 8 · 13 und 3 · 18

·	10	3
8		

8 · 13 = ____

·	10	8
3		

3 · 18 = ____

Unterschied: ____

d) 8 · 14 und 4 · 18

·	10	4
8		

8 · 14 = ____

·	10	8
4		

4 · 18 = ____

Unterschied: ____

Mir fällt auf: ____

2 Finde Aufgabenpaare mit dem Unterschied 10.

a) ____

·		

____

·		

____

b) ____

·		

____

·		

____

1, 2 Unterschiede zwischen den Ergebnissen untersuchen und beschreiben, Aufgaben zu einer vorgegebenen Differenz geschickt finden (KV).

→ Schülerbuch, Seite 71 → Probieren und Kombinieren 3, Seiten 22/23

Überschlagsrechnen

1 Rechne. Überprüfe mit einem Überschlag.

a) 598 + 203 ≈ ____ 196 + 498 ≈ ____ 341 + 93 ≈ ____

Ü: 600 + 200 = ____ Ü: ____ + ____ = ____ Ü: ____ + ____ = ____

b) 607 + 298 ≈ ____ 881 + 99 ≈ ____ 478 + 167 ≈ ____

Ü: ____ + ____ = ____ Ü: ____ + ____ = ____ Ü: ____ + ____ = ____

2 Überschlage.

Das Ergebnis liegt ...

289 + 315 134 + 497 349 + 369 595 + 120

a) ... zwischen 600 und 699.

b) ... zwischen 700 und 799.

3 a) Wie viele Sitzplätze hat das Planetarium ungefähr? Überschlage.

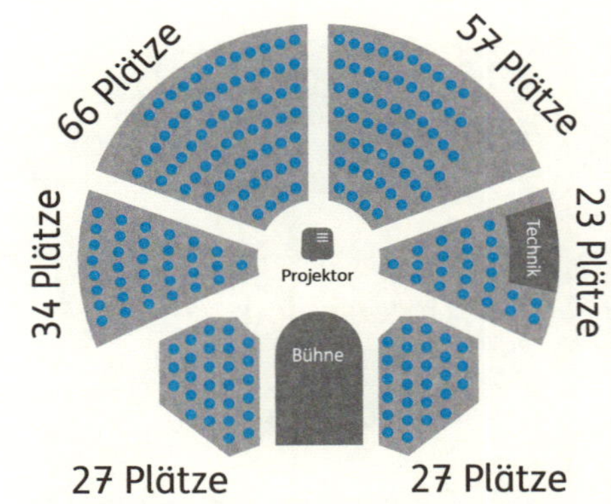

b) Die vierten Klassen dieser Schulen möchten das Planetarium besuchen.

Schule am See 87 Personen	Burgschule 49 Personen
Parkschule 73 Personen	Wiesenschule 45 Personen
Bergschule 62 Personen	Regenbogenschule 34 Personen
Sonnenschule 54 Personen	Sternschule 22 Personen

Passen alle Personen in die zwei Vorstellungen am Freitag?

c) Wie können die Schulen auf beide Vorstellungen verteilt werden?

Löse mit einem Überschlag.

Vorstellung um 9 Uhr:

Vorstellung um 11 Uhr:

1, 2 Überschlag berechnen und zum Vergleichen nutzen. 3 Sachaufgaben mithilfe von Überschlagsrechnungen lösen.

→ Schülerbuch, Seiten 72/73

Längen: Meter und Kilometer

1 Ordne der Länge nach. Beginne mit der kleinsten Länge.

a) 3 km | 2 km 350 m | ~~530 m~~ | 5 km 320 m | 53 km | 2 500 m

530 m < ______ < ______ < ______ < ______ < ______

b) 10 km | 1 km 110 m | 1 km 100 m | 1 km | 111 m | 100 km

______ < ______ < ______ < ______ < ______ < ______

2 a) Lenas Schulweg ist 500 m lang.
Sie geht **jeden Tag** zur Schule und zurück.
Wie weit ist das an einem Tag?

b) Wie weit geht Lena in **einer Woche** zur Schule und zurück?

c) Annas Schulweg ist 1 km und 250 m lang.
Sie geht **jeden Tag** zur Schule und zurück. [?]

3 a) Die Kröte wandert in einer Nacht etwa 600 m. Die Wildkatze wandert etwa 2 km und 200 m.
Vergleiche die Wege.

b) Der Waschbär wandert in einer Nacht etwa 7 km und 500 m.
Der Marder wandert etwa 15 km.
Vergleiche die Wege.

4 Immer 1 km.

200 m + ____ m	450 m + ____ m	410 m + ____ m	990 m + ____ m
600 m + ____ m	750 m + ____ m	270 m + ____ m	50 m + ____ m

1 Längen der Größe nach ordnen. Mit der kleinsten beginnen. **2** Entfernungen pro Tag und pro Schulwoche (5 Tage) berechnen. **3** Nächtliche Weiten der Tiere vergleichen. Unterschied der Weiten bestimmen. **4** Immer auf 1 000 m ergänzen.

→ Schülerbuch, Seiten 74/75

Mit Entfernungen rechnen

1 Familie Klein macht eine Radtour an der Mosel entlang.
Sie fahren von Koblenz nach Trier.
Florian stellt jeden Morgen den Zähler auf 0 und liest jeden Abend die gefahrenen Kilometer ab.

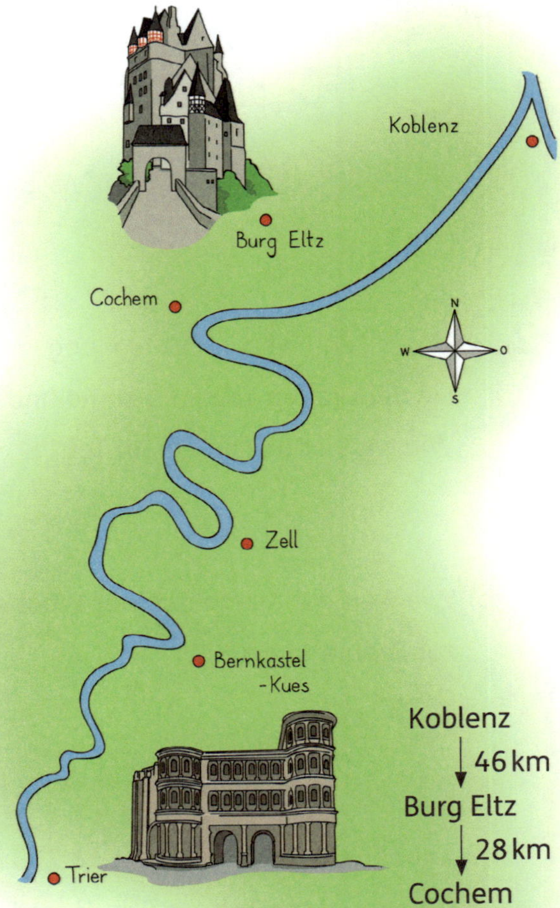

Koblenz
↓ 46 km
Burg Eltz
↓ 28 km
Cochem
↓ 41 km
Zell
↓ 45 km
Bernkastel-Kues
↓ 57 km
Trier

a) Wie weit ist es von der Burg Eltz nach Bernkastel-Kues? ______

b) Wie weit ist es von Cochem nach Trier? ______

c) Wie weit ist es von Koblenz nach Zell? ______

d) Wie weit ist es von Zell nach Trier? ______

e) Wie lang ist die gesamte Strecke? ______

2

	Tacho Start	Tacho Ziel	gefahrene Kilometer
a)	0913	1000	______
b)	0699	0789	______
c)	0718	0905	______
d)	0473	0811	______

1 Längen der Fahrradstrecken bestimmen, Rechenstriche nutzen. 2 Tachostände vergleichen. Ergänzend die zurückgelegten Kilometer bestimmen. Zur Dokumentation den Rechenstrich nutzen.

→ Schülerbuch, Seiten 76/77

Schriftliche Addition

○ **1** Addiere. Achte auf das Bündeln und schreibe die Überträge.

a)

	H	Z	E
	5	6	4
+	3	1	7

b)

	H	Z	E
	1	5	4
+	2	8	3

c)

	H	Z	E
	6	5	9
+	1	2	7

d)

	H	Z	E
	5	7	5
+	2	6	2

e)

	H	Z	E
	3	4	6
+	2	1	7

f)

	H	Z	E
	3	1	8
+	2	3	9

g)

	H	Z	E
	4	2	3
+	1	9	4

h)

	H	Z	E
	3	5	3
+	2	6	8

i)

	H	Z	E
	4	8	7
+	1	6	4

j)

	H	Z	E
	3	5	4
+	2	6	8

○ **2** Rechne schriftlich. Achte auf die Überträge.

a) 564 + 237

b) 274 + 128

c) 825 + 146

d) 266 + 472

e) 363 + 175

f) 252 + 361

g) 536 + 189

h) 489 + 279

i) 256 + 687

j) 567 + 169

○ **3** Schreibe die Zahlen stellengerecht untereinander und rechne.

a) 403 + 196   496 + 103

	H	Z	E
	4	0	3
+	1	9	6

	H	Z	E
+			

b) 261 + 638   238 + 661

	H	Z	E
+			

	H	Z	E
+			

c) 350 + 379   379 + 350

	3	5	0
+	3	7	9

d) 397 + 53   353 + 97

1–3 Das Verfahren der schriftlichen Addition einüben.

→ Schülerbuch, Seiten 78/79

Schriftliche Addition

1 Rechne und setze das Muster fort.

a)

	554	545	536	527		
+	446	455	464	473	+	+

b)

	321	321	321	321		
+	95	194	293	392	+	+

c)

	690	579	468	357		
+	198	198	198	198	+	+

2 Addiere schriftlich.

a) Welche Aufgaben haben einen Übertrag, welche haben zwei Überträge? Sortiere.

567 + 243 | 409 + 238 | 463 + 455 | 123 + 408 | 645 + 186 | 358 + 252

461 + 248 | 555 + 145 | 413 + 109 | 367 + 143 | 367 + 142 | 158 + 473

1 Übertrag	2 Überträge

b) Finde weitere Aufgaben mit einem Übertrag und mit zwei Überträgen.

1 Übertrag	2 Überträge

1 Muster zwischen den Aufgaben beschreiben. 2 Aufgaben nach ihren Überträgen sortieren, Verständnis in das Verfahren vertiefen.

→ Schülerbuch, Seiten 78/79

Schriftliche Addition

1 Addiere schriftlich mit Nullen. Achte auf die Überträge.

a) 409 + 302
b) 204 + 108
c) 805 + 106
d) 260 + 470
e) 360 + 490
f) 536 + 244
g) 52 + 238
h) 489 + 211
i) 256 + 624
j) 247 + 333

2 Finde die fehlenden Zahlen. Achte auf die Überträge.

a) 372 + ___ = 600
b) 263 + ___ = 600
c) ___ + 145 = 600
d) ___ + 354 = 600
e) 369 + ___ = 600

3 Rechne.

a) 888 + 111; 777 + 222; 666 + 333

b) 434 + 256; 424 + 266; 414 + 276

4 Wähle immer zwei Zahlen aus. Addiere schriftlich.

169 | 84 | 517 | 318 | 137 | 404 | 376 | 295

Die Summe soll ...

a) ... kleiner als 500 sein.

169 + 84

b) ... zwischen 600 und 700 liegen.

1 Den Umgang mit Nullen im Verfahren durchdringen. **2** Verständnis in das Verfahren vertiefen. **3** Muster zwischen den Aufgaben beschreiben. **4** Aufgaben zu Ergebnissen finden.

→ Schülerbuch, Seiten 80/81

Übungen zur schriftlichen Addition

1 Finde die Fehler. Was sollen die Kinder beachten? Verbinde.

a)

	5	0	4
+	3	8	6
		1	
	8	0	0

b)

	3	7	8
+	1	1	2
	1		
	5	8	0

c)

	3	1	9
+	5	6	
	8	7	9

d)

	3	4	5
+	1	0	6
	1		
	5	4	1

Schreibe die Zahlen stellengerecht.

Achte auf die Überträge.

Achte auf die Nullen.

2 Finde die fehlenden Ziffern. Achte auf die Überträge.

a)

	5	0	6
+		□	9
		1	
	5	6	5

	5	0	6
+		□	9
		1	
	5	2	5

b)

	4	3	2
+	3	□	5
	1		
	8	0	7

	4	3	2
+	3	□	5
	7	9	7

c)

		6	7
+	1	0	□
		1	
	1	7	2

		6	7
+	1	0	□
		1	
	1	7	6

d)

	4	7	0
+	5	□	□
	1		
1	0	0	0

	4	7	0
+	5	□	□
	9	9	8

e)

	2	7	9
+	5	□	□
	7	9	9

	2	7	9
+	5	□	□
		1	
	7	9	8

f)

	□	□	1
+	5	3	9
		1	
	9	7	0

	□	□	1
+	2	3	9
		1	
	4	7	0

3 Welche Zahl ist gesucht?

a) Meine Zahl ist um 250 größer als 460.
Meine Zahl heißt ______.

b) Meine Zahl ist um 353 größer als 460.
Meine Zahl heißt ______.

c) Meine Zahl ist um 450 größer als 279.
Meine Zahl heißt ______.

d) Meine Zahl ist um 563 größer als 376.
Meine Zahl heißt ______.

e) Meine Zahl ist um 399 größer als 244.
Meine Zahl heißt ______.

f) Meine Zahl ist um 444 größer als 99.
Meine Zahl heißt ______.

1 Fehlermuster in den Aufgaben erkennen und den Hinweisen, worauf beim schriftlichen Addieren geachtet werden soll, zuordnen (ggf. die Fehler korrigieren). 2 Lücken geschickt füllen. 3 Aufgaben ggf. mithilfe der schriftlichen Addition lösen.

→ Schülerbuch, Seiten 82/83

Übungen zur schriftlichen Addition

○ **1** Rechne schriftlich.

a)

	6	7	8
+	1	2	6
+		3	4

b)

	4	5	6
+	1	2	3
+		7	8

c)

	2	5	9
+	1	1	9
+	2	0	9

d)

	3	6	2
+	4	0	1
+		3	8

e)

	4	0	8
+		5	6
+	1	5	9

○ **2** Rechne schriftlich. Schreibe stellengerecht untereinander.

346 + 123 + 24   532 + 203 + 189   198 + 277 + 356

	3	4	6
+	1	2	3
+		2	4

506 + 23 + 289   353 + 480 + 176   49 + 603 + 279

● **3** Wähle immer drei Karten und addiere schriftlich. Finde mehrere Aufgaben.

347   137   489   307   99   156   261   12

Die Summe ist …

a) … kleiner als 500.

	3	4	7
+	1	3	7
+		1	2

b) … liegt zwischen 500 und 750.

1–3 Das Verfahren auf drei Summanden übertragen.

→ Schülerbuch, Seiten 82/83 → Probieren und Kombinieren 3, Seiten 3, 20/21

Mit Geld rechnen

1 Addiere in der Tabelle.

a) 4,35 € + 2,62 €

1 €	10 ct	1 ct
4	3	5
+ 2	6	2

b) 4,05 € + 3,62 €

1 €	10 ct	1 ct

c) 3,57 € + 0,63 €

1 €	10 ct	1 ct

d) 2,38 € + 6,62 €

1 €	10 ct	1 ct

e) 6,50 € + 7,63 €

1 €	10 ct	1 ct

f) 3,91 € + 4,09 €

1 €	10 ct	1 ct

2 Addiere schriftlich und setze das Muster fort.
Achte auf das Komma und denke an die Überträge.

a)

5,34 €	5,44 €	5,54 €		
+ 7,56 €	+ 7,66 €	+ 7,76 €	+	+

b)

3,97 €	3,95 €	3,93 €		
+ 2,56 €	+ 2,58 €	+ 2,60 €	+	+

c)

9,07 €	9,17 €	9,27 €		
+ 4,89 €	+ 5,79 €	+ 6,69 €	+	+

3 Schriftlich (S) oder im Kopf (K)?

15,34 € + 17,24 €	S	125,45 € + 19,84 €	☐	299,00 € + 326,00 €	☐
123,00 € + 17,00 €	K	4,00 € + 1,24 €	☐	17,82 € + 53,14 €	☐
15,99 € + 24,01 €	☐	241,34 € + 103,24 €	☐	108,34 € + 0,24 €	☐

1, 2 Kommazahlen schriftlich addieren. 3 Geschickt rechnen.

→ Schülerbuch, Seiten 84/85

Mit Geld rechnen

1 Reicht das Geld? Überschlage zuerst. Rechne genau, wenn es notwendig ist.

a) 

27,35 € + 22,12 €

35,35 € + 12,12 €

b) 

57,18 € + 7,23 €

38,39 € + 40,51 €

c) 

68,74 € + 21,31 €

53,47 € + 28,31 €

d) 

54,06 € + 53,02 €

75,19 € + 24,18 €

e) 

64,71 € + 31,10 €

82,99 € + 27,00 €

f) 

125,14 € + 14,77 €

137,28 € + 1,10 €

1 a) 28 € + 23 € = 51 €

	27,35 €
+	22,12 €
	49,47 €

Das Geld reicht.

1 Überschlag anwenden.

→ Schülerbuch, Seiten 84/85

Rückblick

○ **1** Rechne schriftlich. Schreibe stellengerecht untereinander.

a) 247 + 253 b) 308 + 98 c) 279 + 641 d) 89 + 190

○ **2** Addiere schriftlich. Welche Aufgaben haben keinen Übertrag, welche haben 2 Überträge?

256 + 403 498 + 206 361 + 239 507 + 201

kein Übertrag	2 Überträge

○ **3** Welche Ziffern fehlen?

a)

	3	5	4
+	2	4	□
	5	9	9

b)

	2	□	6
+	5	0	3
	7	4	9

c)

		9	4
+	3	□	□
	3	9	7

d)

	4	6	5
+	4	2	□
		1	
	8	9	1

e)

	1	9	7
+		7	□
	1	1	
	□	7	4

○ **4** Rechne schriftlich. Schreibe stellengerecht untereinander.

a) 124 + 54 + 209 b) 65 + 102 + 148 c) 482 + 120 + 108 d) 469 + 229 + 50

○ **5** Rechne schriftlich. Überprüfe mit einem Überschlag.

73,04 € + 72,18 €

Wesentliche Aspekte des Kapitels noch einmal reflektieren.

→ Schülerbuch, Seite 86

Forschen und Finden

1 Welche Streichzahlen findest du? Probiere.

a)

21	12	34
10	11	24
22	7	14

21	12	34
10	11	24
22	7	14

21	12	34
10	11	24
22	7	14

21	12	34
10	11	24
22	7	14

21	12	34
10	11	24
22	7	14

21	12	34
10	11	24
22	7	14

b)

24	8	15
17	24	62
28	27	35

24	8	15
17	24	62
28	27	35

24	8	15
17	24	62
28	27	35

24	8	15
17	24	62
28	27	35

24	8	15
17	24	62
28	27	35

24	8	15
17	24	62
28	27	35

c)

12	17	25
21	26	34
18	23	31

12	17	25
21	26	34
18	23	31

12	17	25
21	26	34
18	23	31

12	17	25
21	26	34
18	23	31

12	17	25
21	26	34
18	23	31

12	17	25
21	26	34
18	23	31

2 Erstelle Streichquadrate aus Plustabellen mit der …

a) … Streichzahl 94.

+			

b) … Streichzahl 74.

+			

c) … Streichzahl ___.

+			

d) … Streichzahl ___.

+			

1 Streichzahlen berechnen. Besonderes Streichquadrat mit konstanter Streichsumme erkennen. **2** Eigene Streichquadrate erstellen.

→ Schülerbuch, Seite 87 → Probieren und Kombinieren 3, Seiten 24–27

Gewichte: Kilogramm und Gramm

○ **1** Ordne nach dem Gewicht. Trage das Gewicht in die Tabelle ein.

Wassermelone:
6 kg 156 g

Blumenkohl:
779 g

Kürbis:
1 kg 105 g

Salat:
558 g

Kokosnuss:
821 g

	1 kg	100 g	10 g	1 g
Wassermelone	6	1	5	6

○ **2** Wie schwer?

a)

1 Banane = ____ g

b)

1 Apfel = ____ g

c)

1 Pflaume = ____ g

d)

Eine Orange wiegt
etwa ____ g.

e)

Eine Kiwi wiegt
etwa ____ g.

f)

Eine Birne wiegt
etwa ____ g.

◒ **3** Was ist schwerer? Kreuze an.

a)
 oder 

☐ ☐

b)
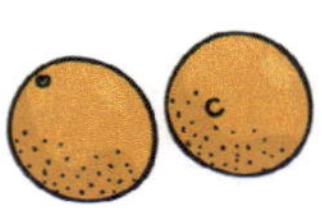 oder 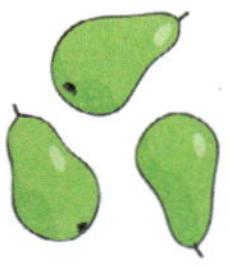

☐ ☐

c)
 oder 

☐ ☐

○ **4**

a) Immer 1 000 g.
500 g + 500 g
750 g + ____
25 g + ____

b) Immer 500 g.
175 g + 325 g
250 g + ____
125 g + ____

c) Immer 250 g.
125 g + ____
175 g + ____
75 g + ____

d) Immer 750 g.
500 g + ____
150 g + ____
375 g + ____

1 Gewichte in die Stellentafel eintragen und vergleichen. **2** Gewicht mit Gewichtssteinen bestimmen. **3** Gewichte vergleichen. **4** Mit Gewichten rechnen.

→ Schülerbuch, Seiten 88/89

Gewichte: Kilogramm und Gramm

1 Ordne nach dem Gewicht. Beginne mit dem leichtesten.

a) 24 kg | ~~24 g~~ | 245 kg | 245 g

24 g < ______ < ______ < ______

b) 890 kg | 8 t | 89 g | 890 g

______ < ______ < ______ < ______

c) 61 kg | 6 t | 610 g | 61 g

______ < ______ < ______ < ______

d) 54 g | 540 kg | 54 t | 540 t

______ < ______ < ______ < ______

2 Setze ein: t, kg oder g?

Der Panther wiegt 90 ____.

Der Maikäfer wiegt 2 ____.

Die Katze wiegt 8 ____.

Der Schwertwal wiegt 6 ____.

Der Zwerghamster wiegt 30 ____.

3 So viel frisst ein Tier an einem Tag.

Elefant: 200 kg

Gorilla: 10 kg

Katzenbär: 2 kg

Wie lange reicht 1 t Nahrung für ...

a) ... 1 Elefanten? ______

b) ... 5 Gorillas? ______

c) ... 5 Katzenbären? ______

4 Immer 1 t.

a)	b)	c)	d)
530 kg + 470 kg	680 kg + ____ kg	410 kg + ____ kg	190 kg + ____ kg
535 kg + ____ kg	678 kg + ____ kg	425 kg + ____ kg	187 kg + ____ kg
525 kg + ____ kg	682 kg + ____ kg	395 kg + ____ kg	192 kg + ____ kg

5 Vergleiche. < oder > oder =?

a)	b)	c)	d)
64 kg ◯ 640 g	36 t ◯ 360 g	5 000 kg ◯ 5 t	8 t 8 kg ◯ 88 t
14 g ◯ 140 kg	9 kg ◯ 4 t	8 kg 40 g ◯ 840 g	99 kg 10 g ◯ 991 kg
459 g ◯ 45 t	810 kg ◯ 81 t	9 t 10 g ◯ 10 t	2 kg ◯ 2 000 g

1 Gewichtsangaben der Größe nach sortieren. 2, 3 Sachaufgaben zu Gewichten. 4 Ergänzen bis zu 1 t. 5 Gewichte vergleichen.

→ Schülerbuch, Seiten 90/91

Formen am Geobrett

○ **1** Immer 2 Vierecke sind gleich. Verbinde.

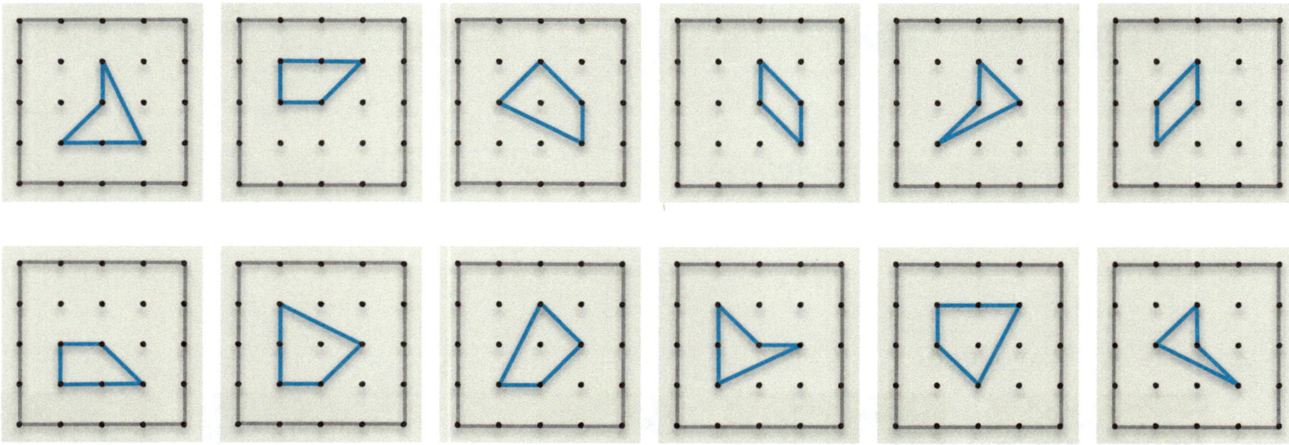

◒ **2** Spanne eine Ecke um. Markiere.

a) Aus … mache …

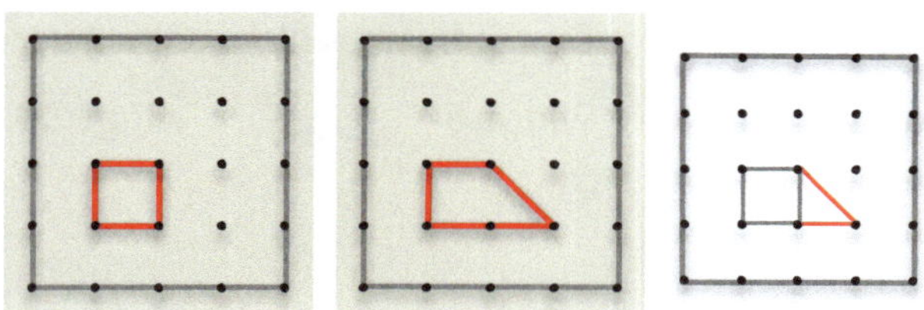

b) Aus … mache …

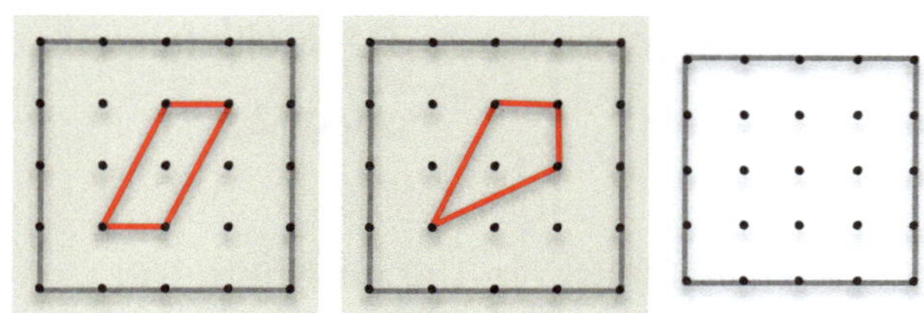

c) Aus … mache …

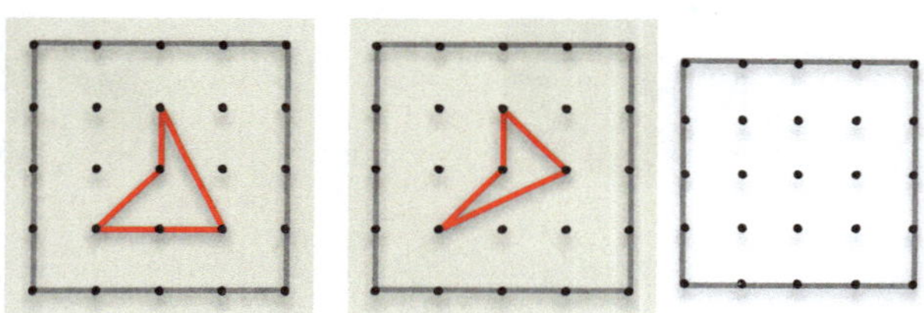

d) Aus … mache …

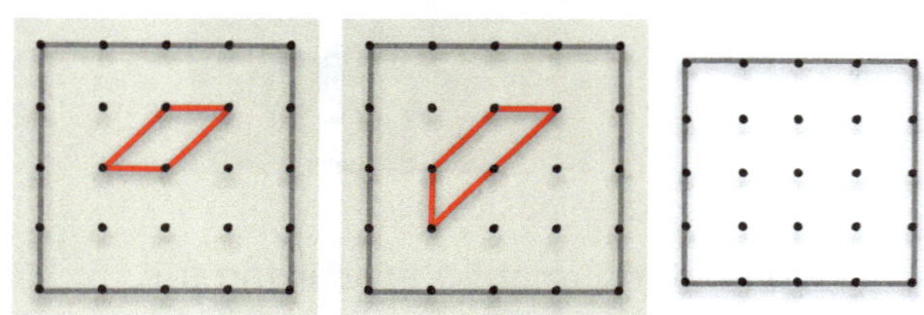

◒ **3** Zeichne das Spiegelbild.

a)

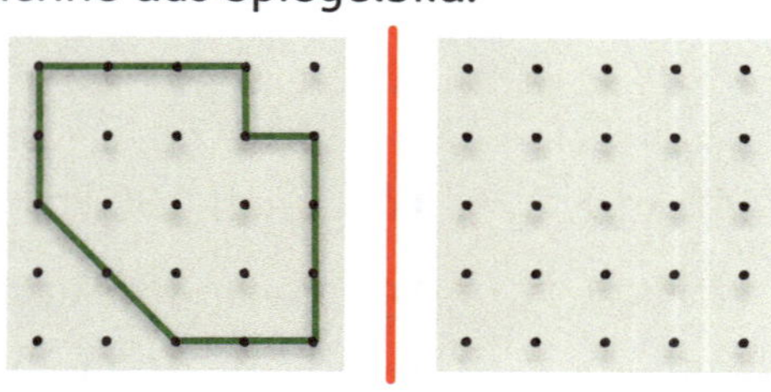

b)

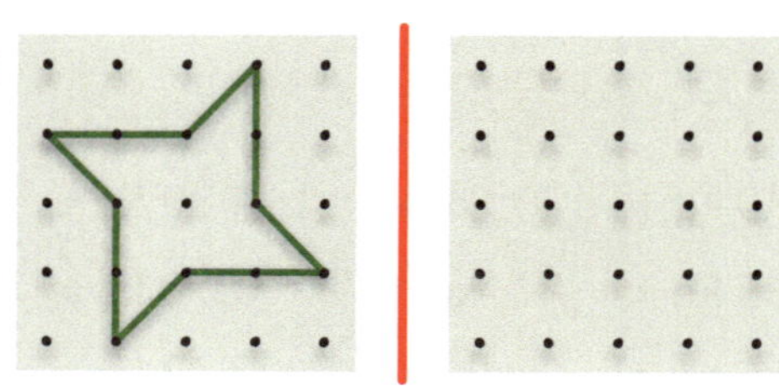

c)

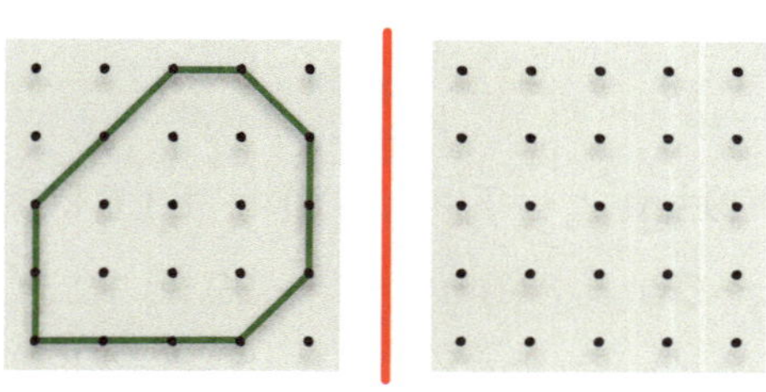

d)

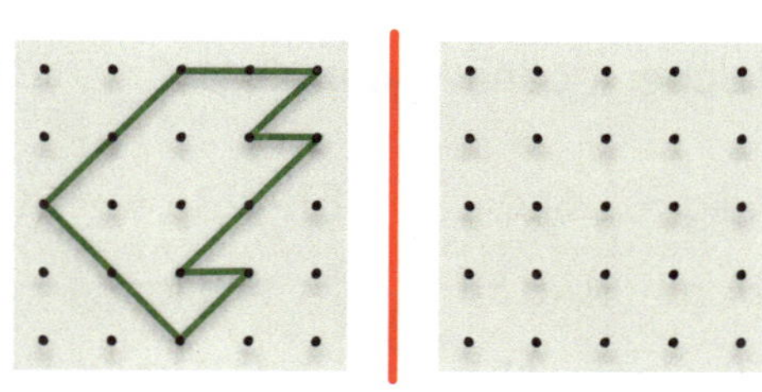

1 Gleiche Vierecke verbinden. Gedrehte und gespiegelte gelten als gleich. **2** Vierecke und Dreiecke verändern. Neue Formen zeichnen. **3** Spiegelbilder zeichnen.

→ Schülerbuch, Seiten 92/93

Flächeninhalte am Geobrett

○ **1** Wie groß ist der Flächeninhalt?

a)

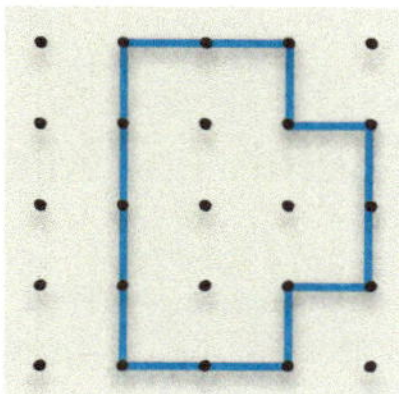

ganze EQ: ____
halbe EQ: ____
gesamte EQ: ____

b)

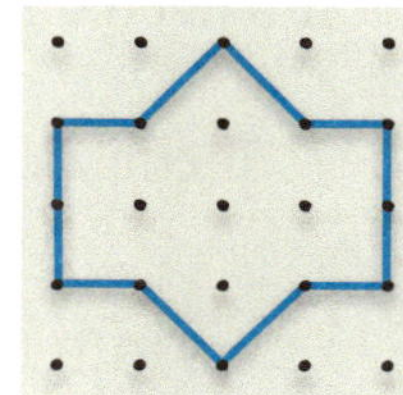

ganze EQ: ____
halbe EQ: ____
gesamte EQ: ____

c)

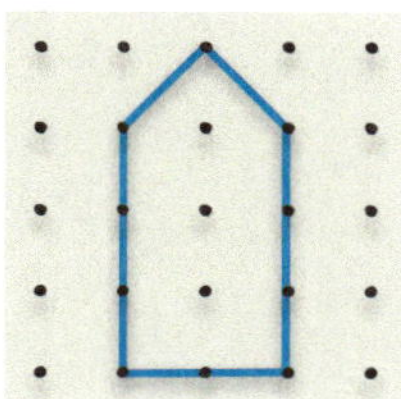

ganze EQ: ____
halbe EQ: ____
gesamte EQ: ____

d)

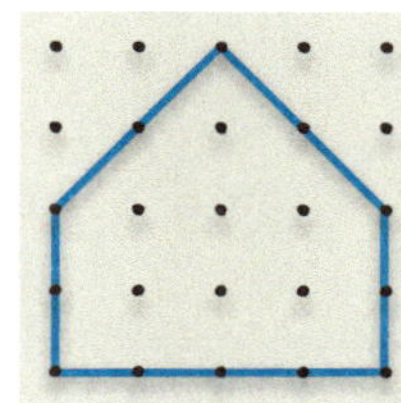

ganze EQ: ____
halbe EQ: ____
gesamte EQ: ____

◒ **2** Zeichne Figuren. Jede Figur hat einen Flächeninhalt von 5 Einheitsquadraten.

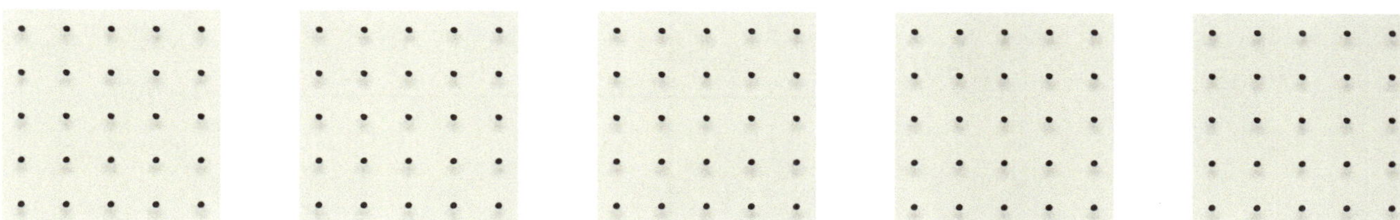

● **3** Halbiere die Figuren. Finde verschiedene Möglichkeiten.

a)

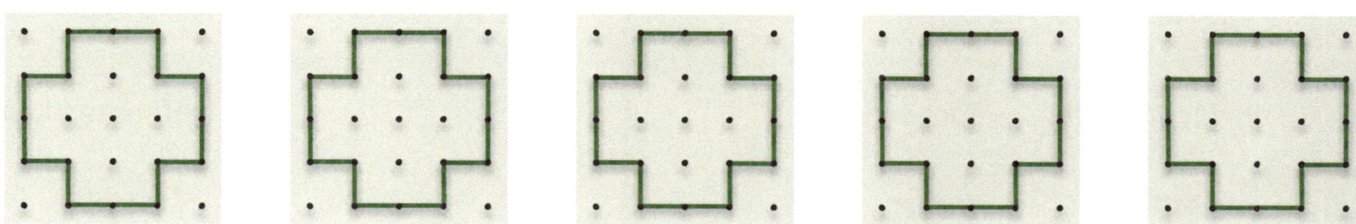

b)

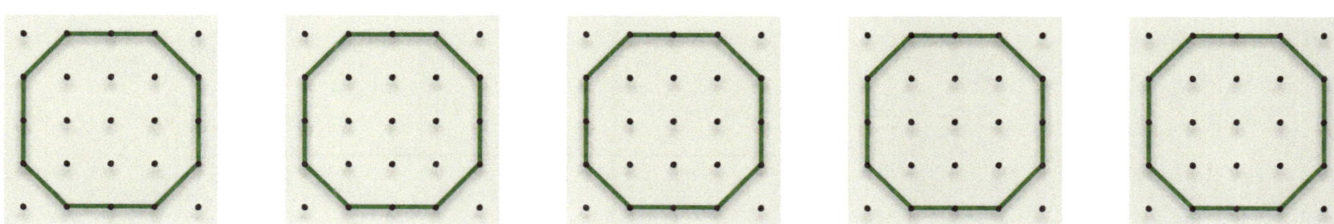

c) Wähle eine eigene Figur. Halbiere die Fläche.

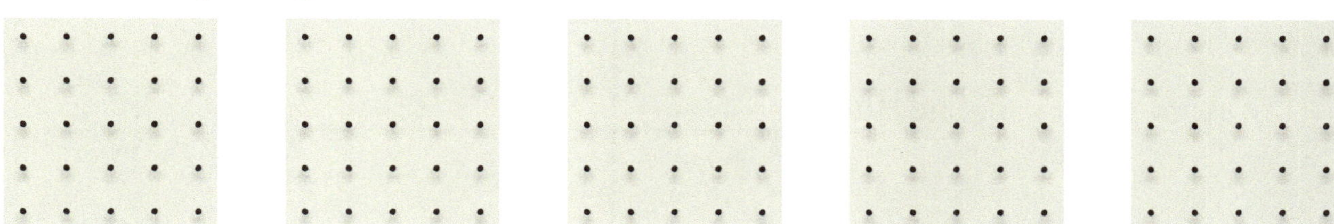

1 Flächeninhalt bestimmen. Dabei halbe und ganze Einheitsquadrate einzeichnen, die Anzahl abzählen oder berechnen. **2** Figuren finden, die einen Flächeninhalt von 5 Einheitsquadraten haben. **3** Linie einzeichnen, die verdeutlichen, wie sich die Flächen der Figuren halbieren lassen.

→ Schülerbuch, Seiten 94/95

Schriftliche Subtraktion: Auffüllen

○ **1** Wie viele Kilometer wurden gefahren?
Ergänze passend am Rechenstrich. Erst die Einer, dann die Zehner, dann die Hunderter.

a)

Tacho Start	Tacho Ziel		gefahrene Kilometer
2 5 4	7 6 8	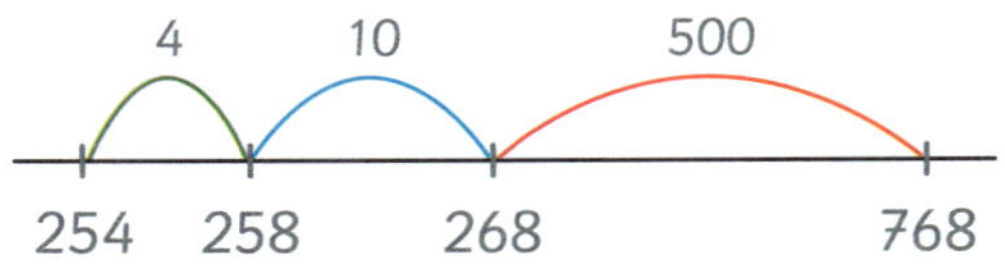	4 + 10 + 500 = 514
2 5 4	6 8 2	254	

b)

Tacho Start	Tacho Ziel		gefahrene Kilometer
5 7 7	7 8 9		
5 7 7	7 0 9		

c)

Tacho Start	Tacho Ziel		gefahrene Kilometer
0 5 4	3 6 8		
0 5 4	3 3 3		

d)

Tacho Start	Tacho Ziel		gefahrene Kilometer
4 0 7	9 2 0		
4 0 7	8 0 2		

1 Schrittweises Ergänzen zum nächsten passenden Stellenwert am Rechenstrich darstellen und notieren.

→ Schülerbuch, Seiten 96/97

Schriftliche Subtraktion: Auffüllen

○ **1** Ergänze. Erst die Einer, dann die Zehner, dann die Hunderter.

a)

	H	Z	E
	6	2	7
−	3	9	2
	1		
	2	3	5

2 + **5** = 7, schreibe 5.
9 + **3** = 12, übertrage 1 und schreibe 3
4 + **2** = 6, schreibe 2,
also 235.

Eric

	H	Z	E
	6	8	2
−	4	8	1

b)

	H	Z	E
	7	4	5
−	5	0	9

	H	Z	E
	5	7	1
−	4	6	5

	H	Z	E
	9	3	8
−	7	2	9

	H	Z	E
	2	8	2
−		7	8

	H	Z	E
	7	4	6
−		6	7

c)

	H	Z	E
	8	5	3
−	5	2	9

	H	Z	E
	3	9	1
−	2	7	5

	H	Z	E
	5	2	4
−	3	7	2

	H	Z	E
	6	4	5
−	3	5	5

	H	Z	E
	7	4	6
−	4	4	9

○ **2** Schreibe die Zahlen stellengerecht untereinander und rechne.

a) 999 − 123 999 − 876

	H	Z	E
	9	9	9
−	1	2	3

	H	Z	E
	9	9	9
−	8	7	6

b) 666 − 123 999 − 543

	H	Z	E
−			

	H	Z	E
−			

c) 878 − 509 777 − 408

	8	7	8
−	5	0	9

d) 901 − 235 802 − 136

e) 703 − 387 713 − 397

f) 892 − 89 892 − 803

1, 2 Übungen zur schriftlichen Subtraktion, insbesondere bewusstes Mitsprechen und korrekte, stellengerechte Notation.

→ Schülerbuch, Seiten 96/97

Schriftlich subtrahieren

1 Wähle immer zwei Zahlen aus. Schreibe stellengerecht untereinander und rechne schriftlich.

291 586 169 74 137 188 412 605

Die Differenz soll ...

a) ... größer als 200 sein.

	2	9	1
–		7	4

b) ... zwischen 100 und 200 liegen.

	2	9	1
–	1	6	9

2 Welche Zahl ist gesucht?

a) Meine Zahl ist um 350 kleiner als 950.
Meine Zahl heißt ______.

b) Meine Zahl ist um 464 kleiner als 950.
Meine Zahl heißt ______.

c) Meine Zahl ist um 750 kleiner als 893.
Meine Zahl heißt ______.

d) Meine Zahl ist um 691 kleiner als 978.
Meine Zahl heißt ______.

e) Meine Zahl ist um 399 kleiner als 500.
Meine Zahl heißt ______.

3 Subtrahiere schriftlich mit Nullen.

a)

	3	0	4
–	1	0	8

b)

	8	0	0
–	3	7	0

c)

	7	0	8
–	4	7	0

d)

	6	0	0
–	5	5	5

e)

	7	5	4
–	1	4	5

1 Aufgaben gezielt zusammenstellen. **2** Aufgaben ggf. mithilfe der schriftlichen Subtraktion lösen. **3** Aufgaben mit der Ziffer Null bewusst lösen.

→ Schülerbuch, Seiten 98/99

Schriftlich subtrahieren

○ **1** Schreibe stellengerecht untereinander und rechne schriftlich. Kontrolliere mit der Probe.

a) 893 – 503 Probe

	8	9	3		
–	5	0	3		
	3	9	0		

	3	9	0
+	5	0	3

b) 522 – 307 Probe

c) 303 – 184 Probe

d) 745 – 66 Probe

e) 385 – 96 Probe

f) 107 – 59 Probe

◒ **2** Bilde zwei dreistellige Zahlen mit den Ziffern 1 2 3 5 7 9.

a) Finde verschiedene Aufgaben.

	7	2	3
–	5	1	9

b) Finde eine Aufgabe mit einer möglichst großen Differenz.

c) Finde eine Aufgabe mit einer möglichst kleinen Differenz.

◒ **3** Bilde zwei verschiedene dreistellige Zahlen mit den Ziffern 1 5 7.

Finde verschiedene Minusaufgaben.

	7	5	1
–	5	7	1

	7	5	1
–	1	7	5

Übungen zur schriftlichen Subtraktion. **1** Stellengerechte Notation durchführen und Umkehraufgabe zur Probe rechnen. **2, 3** Zahlen mit vorgegebenen Ziffern bilden (ggf. aus Ziffernkarten legen) und schriftliche Subtraktionsaufgaben damit berechnen. **3** Es können 15 verschiedene Aufgaben gefunden werden.

→ Schülerbuch, Seiten 98/99

Übungen zur schriftlichen Subtraktion

1 Rechne und setze das Muster fort.

a)

987	876	765		
− 189	− 189	− 189	−	−

b)

782	782	782		
− 563	− 554	− 445	−	−

c)

888	787	686		
− 666	− 556	− 446	−	−

2 Finde die Fehler. Kreise ein und rechne richtig.

a)

703	703
− 142	− 142
661	

b)

790	790
− 302	− 302
400	

c)

546	546
− 397	− 397
251	

d)

320	320
− 209	− 209
529	

3 Welche Ziffern fehlen?

a)	b)	c)	d)	e)
754	8□8	97□	534	9□8
− 2□3	− 506	− 8□2	− 3□9	− 279
541	392	115	225	629

1–3 Übungen zur schriftlichen Subtraktion. 1 Muster der Aufgabenserie erkennen und beschreiben. 2 Fehler in den Aufgaben erkennen. 3 Lücken geschickt füllen.

→ Schülerbuch, Seiten 100/101

1 Rechne schriftlich. Schreibe stellengerecht untereinander.

a) 648 − 235 b) 734 − 304 c) 809 − 561 d) 573 − 68 e) 405 − 376

2 a)

969	858	747
− 323	− 323	− 323

b)

987	876	765
− 198	− 198	− 198

3 Wähle immer zwei Zahlen aus. Schreibe stellengerecht untereinander und rechne schriftlich.

196 323 87 299 502 849 650 59

Die Differenz ...

a) ... ist größer als 500.

b) ... liegt zwischen 100 und 200.

c) ... liegt zwischen 300 und 400.

4 Finde die fehlenden Ziffern.

	a)	b)	c)	d)	e)
	9□1	□3□	649	506	□27
−	351	602	2□3	□2□	18□
	620	134	416	281	246

Wesentliche Aspekte des Kapitels noch einmal reflektieren.

→ Schülerbuch, Seite 104

Forschen und Finden: Umkehrzahlen

○ **1** Rechne immer mit der Umkehrzahl.

a) $651 - 156$ $\quad$ $643 - 346$

b) $541 - 145$ $\quad$ $532 - 235$

c) $962 - 269$ $\quad$ $965 - 569$

◒ **2** Subtrahiere von den Zahlen die Umkehrzahlen. Setze fort.

a) $702 -$ $\quad$ $712 -$ $\quad$ $722 -$ $\quad$ $732 -$ $\quad$ $-$ $\quad$ $-$

b) $720 -$ $\quad$ $721 -$ $\quad$ $722 -$ $\quad$ $723 -$ $\quad$ $-$ $\quad$ $-$

● **3** Subtrahiere von den Zahlen die Umkehrzahlen. Was fällt dir auf?

a) $751 -$ $\quad$ $943 -$ $\quad$ $973 -$

b) $743 -$ $\quad$ $874 -$ $\quad$ $652 -$

● **4** Finde Aufgaben mit Umkehrzahlen zur Differenz ...

a) ... 594.

b) ... 396.

1 Differenzen aus Zahl und kleinerer Umkehrzahl ermitteln. **2, 3** Unterschiede zwischen den Ergebnissen untersuchen und beschreiben. **4** Aufgaben zu einer vorgegebenen Differenz geschickt finden.

→ Schülerbuch, Seite 105

Zeit: Zeitpunkte und Zeitspannen

1 Zeichne den fehlenden Zeiger ein.

a) Stundenzeiger

7.15 Uhr

9.45 Uhr

8.35 Uhr

1.22 Uhr

10.56 Uhr

b) Minutenzeiger

13.16 Uhr

15.27 Uhr

18.49 Uhr

21.03 Uhr

23.55 Uhr

2 Welche Uhrzeiten gehören zusammen? Achte auf den Sekundenzeiger. Verbinde.

13:40 20 | 7:32 15 | 22:40 10 | 19:50 15 | 1:32 00

3 a) Schreibe in h und min.

150 min = ___ h ___ min
210 min = ___ h ___ min
270 min = ___ h ___ min

b) Schreibe in min.

1 h 25 min = ___ min
1 h 5 min = ___ min
2 h 45 min = ___ min

c) Schreibe in s.

1 min 17 s = ___ s
1 min 39 s = ___ s
3 min 25 s = ___ s

4 Ordne. Beginne mit der kleinsten Zeitspanne.

a) 45 min | 4 h 5 min | 15 min | 1 h 15 min | 120 min

15 min < ______ < ______ < ______ < ______

b) 36 min | 360 s | 3 h 6 min | 36 h | 360 min

______ < ______ < ______ < ______ < ______

Zeit: Zeitpunkte und Zeitspannen

1 Wie viel Zeit ist vergangen?

a)

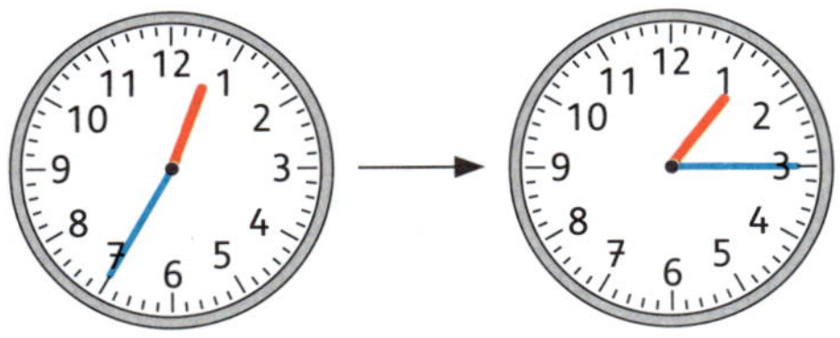

12.35 Uhr 13.00 Uhr 13.15 Uhr ____

b)

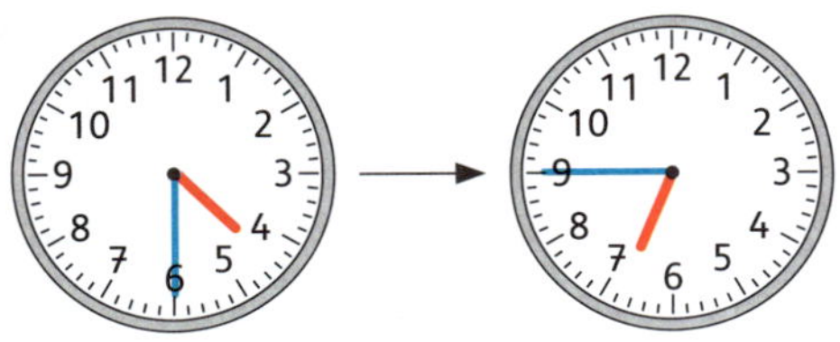

16.30 Uhr ____

c)

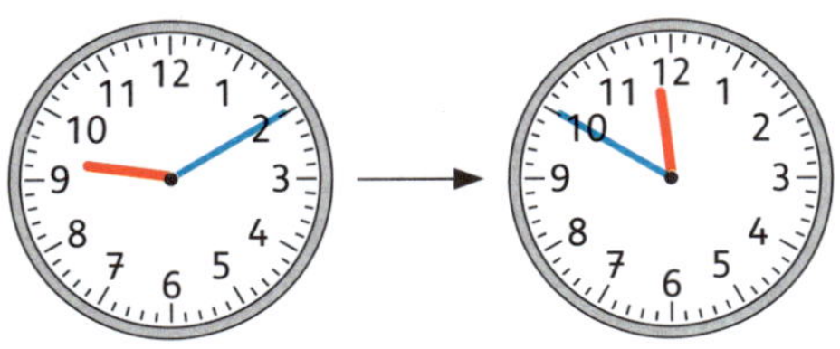

9.10 Uhr ____

2 a) Berechne deine tägliche Schulzeit.

	Beginn	Ende		Dauer
Montag	___ Uhr	___ Uhr		___ h ___ min
Dienstag	___ Uhr	___ Uhr		____
Mittwoch	___ Uhr	___ Uhr		____
Donnerstag	___ Uhr	___ Uhr		____
Freitag	___ Uhr	___ Uhr		____

b) Berechne die Zeit für deinen Schulweg.

Start von zu Hause	Ankunft an der Schule		
___ Uhr	___ Uhr		___ h ___ min

1, 2 Zeitdauer mithilfe des Rechenstrichs bestimmen.

→ Schülerbuch, Seiten 108/109

Tabellen und Skizzen

1 Wie weit kommen die Kinder?

a) Rechne mit der Tabelle.

	Metin 	Paula 	Finn 	Lilly 
1 min	160 m	180 m	200 m	60 m
2 min	320 m			
3 min				
4 min				
5 min				
6 min				

b) Vergleiche:

Wie viele Meter legen Lilly und Paula in 5 Minuten zurück? ______________________

Wie viele Meter legen sie in 10 Minuten zurück? ______________________

c) Wie viele Meter legt Finn in 5 Minuten mehr zurück als Metin? ______________________

d) Wie viele Meter legt Lilly in 6 Minuten weniger zurück als Finn? ______________________

2 a) Finn und Lilly möchten sich treffen. Sie wohnen 780 m voneinander entfernt und starten gleichzeitig. Finn fährt mit seinem Fahrrad und Lilly geht zu Fuß.

Nach wie vielen Minuten treffen sie sich?

Antwort: ______________________

b) Metin und Paula möchten sich treffen. Sie wohnen 1 km 700 m voneinander entfernt und starten gleichzeitig. Metin fährt mit dem Skateboard und Paula fährt mit Inline-Skates.

Nach wie vielen Minuten treffen sie sich?

Antwort: ______________________

1 Tabelle ausfüllen und als Hilfsmittel nutzen. 2 Komplexere Sachaufgaben mit Entfernungen und Geschwindigkeiten lösen. Skizzen und Tabellen als Hilfsmittel nutzen.

→ Schülerbuch, Seiten 110/111

Seitenansichten von Würfelgebäuden

1 Aus welcher Himmelsrichtung wurden die Seitenansichten gezeichnet? Kreuze an.

Norden

Westen			Osten
	4	3	
	2		
	1		

Süden

a)

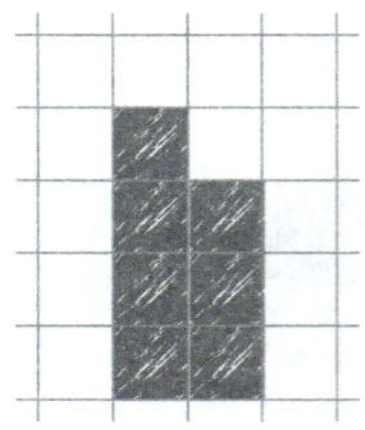

☐ Osten
☐ Süden
☐ Westen
☐ Norden

b)

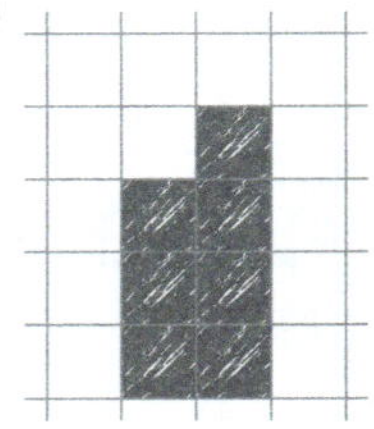

☐ Osten
☐ Süden
☐ Westen
☐ Norden

c)

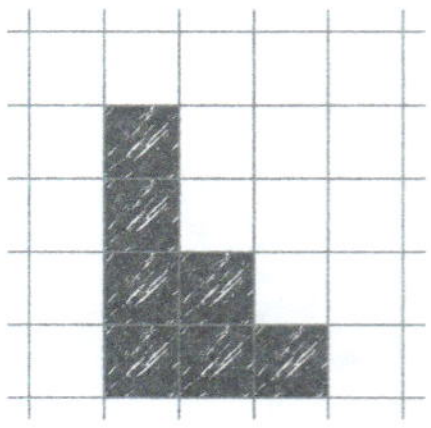

☐ Osten
☐ Süden
☐ Westen
☐ Norden

d)

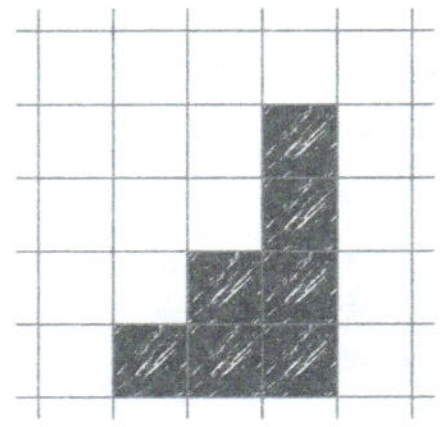

☐ Osten
☐ Süden
☐ Westen
☐ Norden

2 Überprüfe die Seitenansichten. Welche gehört nicht zum Bauplan?

Zeichne die Ansicht richtig.

Norden

Westen			Osten
	1		
	2	4	
	1		

Süden

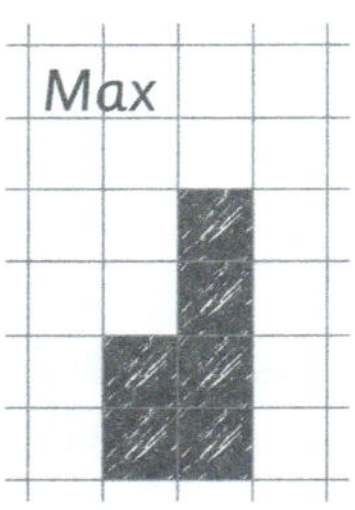

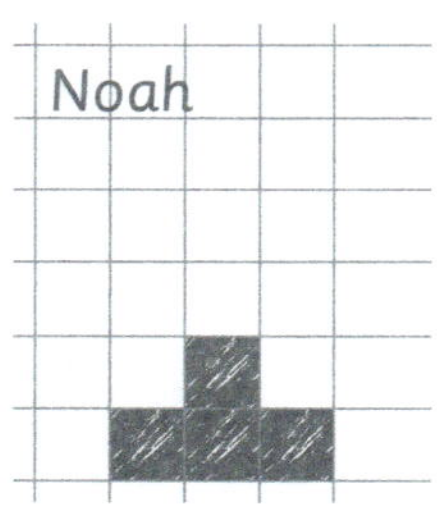

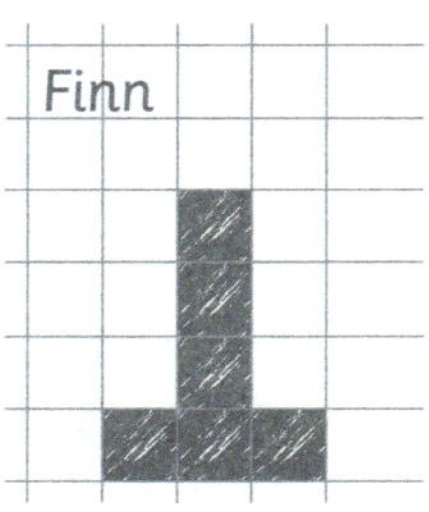

3 Mehrere Gebäude passen zu diesen zwei Seitenansichten.

Finde drei verschiedene. Zeichne die Baupläne.

a)

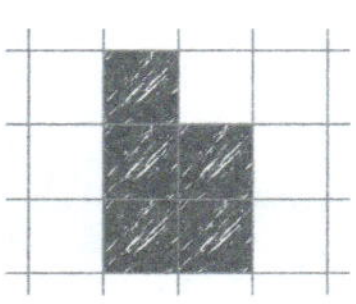

von Süden

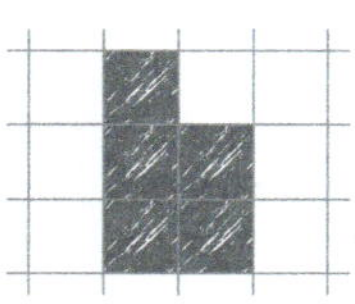

von Westen

Bauplan:

b)

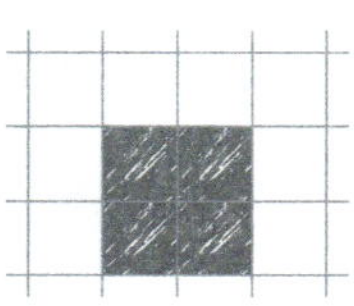

von Süden

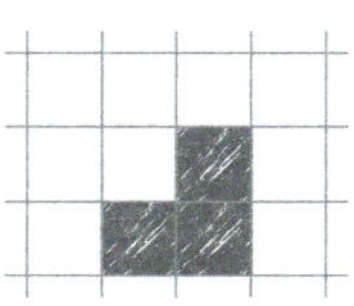

von Westen

Bauplan:

Die Aufgaben sollten möglichst oft ohne Würfelmaterial gelöst werden. Zur Unterstützung und zum Lösungsvergleich Würfel benutzen. **1** Ansichten dem Bauplan zuordnen. **2** Fehlerhafte Ansicht erkennen. Neu zeichnen. **3** Zu den gegebenen Ansichten passende Baupläne finden.

→ Schülerbuch, Seiten 112/113

Körper und Flächen

1 Welche Körper sind es? Welche Flächen gehören zu den Körpern? Verbinde.

Zylinder | Pyramide | Würfel | Quader | Kegel

6 Rechtecke | 1 Kreis | 2 Kreise (1 Rechteck) | 6 Quadrate | 1 Quadrat 4 Dreiecke

2 Zu welchem Körper gehören diese Netze?

a)

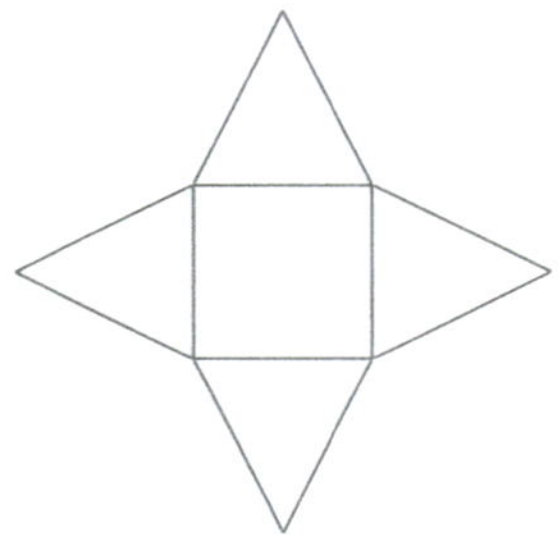

b)

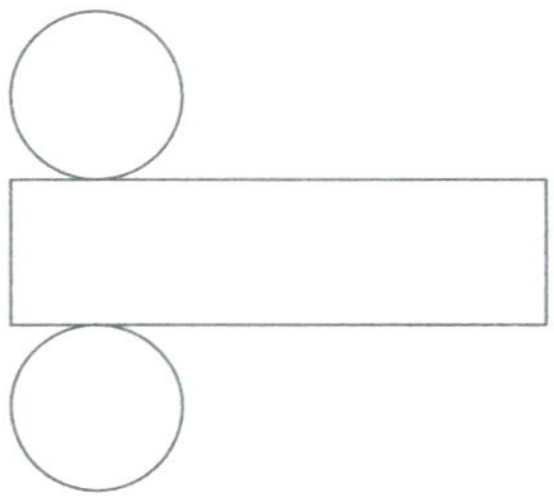

c)

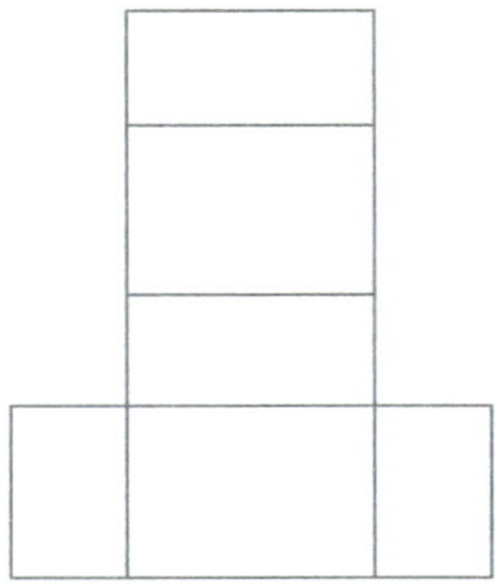

3 Dies sind keine Quadernetze. Markiere den Fehler. Zeichne richtig.

a)

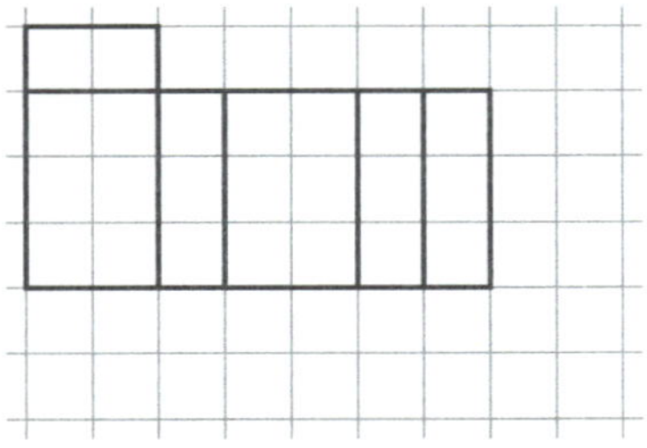

b)

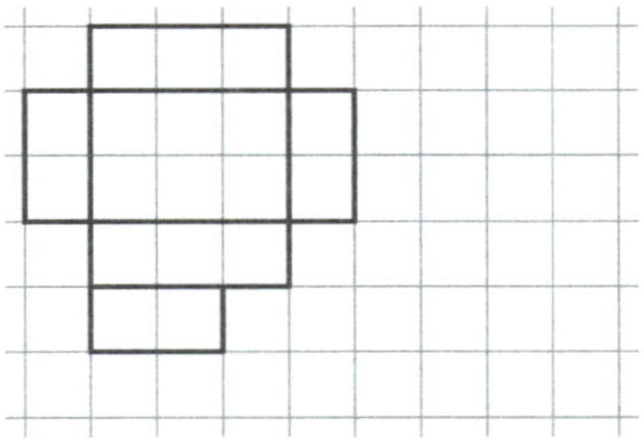

c)

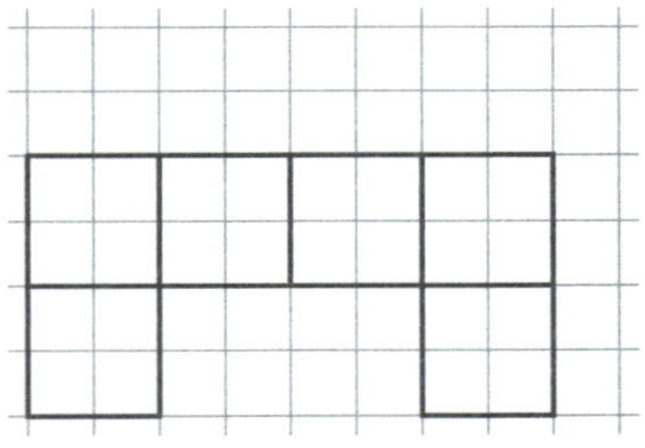

1 Körpername, Bild und Flächenformen miteinander verbinden. 2 Dem abgebildeten Netz eine Körperform zuordnen.
3 Fehler im Quadernetz farbig markieren, das Quadernetz korrigieren und korrigiertes Quadernetz zeichnen.

→ Schülerbuch, Seiten 114/115

Gleichungen und Ungleichungen

○ **1** Vergleiche. < oder > oder = ?

a) 10 · 15 ○ 100 — 5 · 15 ○ 100
b) 3 · 50 ○ 300 — 6 · 50 ○ 300
c) 120 ○ 5 · 20 — 120 ○ 5 · 25
d) 250 ○ 10 · 25 — 250 ○ 5 · 45

e) 8 · 24 ○ 240 — 8 · 12 ○ 120
f) 9 · 40 ○ 400 — 9 · 20 ○ 200
g) 360 ○ 7 · 50 — 360 ○ 5 · 70
h) 600 ○ 8 · 80 — 600 ○ 9 · 90

○ **2** Welche Zahlen passen? Schreibe auf. 0 1 2 3 4 5 6 7 8 9

a) ■ · 30 < 150
0, 1, 2, 3, 4
■ · 60 < 150

b) ■ · 50 > 150
4, 5, 6, 7, 8, 9
■ · 40 > 150

c) ■ · 20 < 120
0, 1, 2, 3, 4, 5
■ · 40 < 120

d) ■ · 90 > 500
■ · 80 > 500

○ **3** Vergleiche. < oder > oder = ?

a) 150 : 5 ○ 50 — 150 : 3 ○ 50
b) 90 : 9 ○ 10 — 99 : 9 ○ 9
c) 50 ○ 240 : 6 — 5 ○ 240 : 60
d) 10 ○ 450 : 90 — 10 ○ 900 : 90

e) 360 : 6 ○ 50 — 360 : 6 ○ 60
f) 120 : 6 ○ 12 — 120 : 6 ○ 20
g) 10 ○ 300 : 60 — 5 ○ 300 : 30

◒ **4** Welche Aufgaben gehören zu welcher Rechnung? Verbinde und rechne.

In die Klasse 3c gehen 24 Kinder.
4 Kinder sind heute krank.

24 Kinder wollen einen Ausflug machen.
Jedes Kind bezahlt 4 Euro.

24 : 4 = ___ 24 · 4 = ___ 24 + 4 = ___ 24 − 4 = ___

24 Kinder fahren Tretboot.
Immer 4 Kinder passen in ein Boot.

24 Kinder sitzen im Schulbus.
4 Kinder steigen dazu.

◒ **5** Welche Rechenzeichen passen? Setze +, −, · oder : ein.

a) 200 ○ 10 = 20 — 200 ○ 10 = 210 — 200 ○ 10 = 190
b) 250 ○ 50 = 200 — 250 ○ 50 = 5 — 250 ○ 50 = 300
c) 90 ○ 9 = 10 — 90 ○ 9 = 810 — 90 ○ 9 = 81
d) 240 ○ 4 = 236 — 240 ○ 4 = 244 — 240 ○ 4 = 60

1–3 Aufgaben mit Ergebnissen vergleichen. Beziehungen zwischen den Aufgaben nutzen. **4, 5** Rechnungen den passenden Aufgaben zuordnen und Ergebnisse interpretieren.

→ Schülerbuch, Seiten 116/117 → Probieren und Kombinieren 3, Seiten 28–31

Multiplizieren und Dividieren

1 a) Immer mal 6.

Start → Ziel
15 —(· 3)→ 45 —(· 2)→
15 —(· 6)→

Start → Ziel
21 —(· 3)→ —(· 2)→
21 —(· 6)→

b) Immer mal 4.

Start → Ziel
15 —(· 2)→ 30 —(· 2)→
15 —(· 4)→

Start → Ziel
21 —(· 2)→ —(· 2)→
21 —(· 4)→

2 a) Immer mal 5.

Start → Ziel
15 —(· 10)→ 150 —(: 2)→
15 —(· 5)→

Start → Ziel
14 —(· 10)→ —(: 2)→
14 —(· 5)→

b) Immer geteilt durch 5.

Start → Ziel
75 —(· 2)→ 150 —(: 10)→
75 —(: 5)→

Start → Ziel
95 —(· 2)→ —(: 10)→
95 —(: 5)→

3 Immer geteilt durch 6.

Start → Ziel
90 —(: 2)→ 45 —(: 3)→
90 —(: 6)→

Start → Ziel
150 —(: 2)→ —(: 3)→
150 —(: 6)→

1–3 Zerlegungen der Multiplikation und Division. Vertiefung der Beziehungen zwischen Multiplikations- und Divisionsaufgaben beim Einmaleins und Zehnereinmaleins.

→ Schülerbuch, Seiten 118/119

Rechenwege bei der Division

1 Dividiere.

a) 6 : 2 = ___ | 60 : 20 = ___
60 : 2 = ___ | 600 : 20 = ___
600 : 2 = ___ | 600 : 200 = ___

b) 9 : 3 = ___ | 90 : 30 = ___
90 : 3 = ___ | 900 : 30 = ___
900 : 3 = ___ | 900 : 300 = ___

2 Divisionsaufgaben mit und ohne Rest.

a)	b)	c)	d)	e)
30 : 6 = 5	20 : 4 = ___	60 : 6 = ___	80 : 4 = ___	90 : 9 = ___
32 : 6 = 5 R2	23 : 4 = ___	65 : 6 = ___	82 : 4 = ___	95 : 9 = ___

3 Rechne und setze fort. Was fällt dir auf?

a)	b)	c)	d)
11 : 9 = 1 R2	30 : 4 = ___	100 : 90 = ___	350 : 60 = ___
20 : 9 = ___	38 : 4 = ___	200 : 90 = ___	400 : 60 = ___
29 : 9 = ___	46 : 4 = ___	300 : 90 = ___	450 : 60 = ___
38 : 9 = ___	54 : 4 = ___	400 : 90 = ___	500 : 60 = ___
___ : 9 = ___	___ : 4 = ___	___ : 90 = ___	___ : 60 = ___
___ : 9 = ___	___ : 4 = ___	___ : 90 = ___	___ : 60 = ___

4 Divisionsaufgaben mit und ohne Rest.

a)	b)	c)	d)
10 : 2 = ___	11 : 2 = ___	100 : 20 = ___	111 : 20 = ___
20 : 4 = ___	22 : 4 = ___	200 : 40 = ___	222 : 40 = ___
30 : 6 = ___	33 : 6 = ___	300 : 60 = ___	333 : 60 = ___
40 : 8 = ___	44 : 8 = ___	400 : 80 = ___	444 : 80 = ___
50 : 10 = ___	55 : 10 = ___	500 : 100 = ___	555 : 100 = ___

5

a)		b)	
5 : 4 = ___	25 : 4 = ___	50 : 40 = ___	250 : 40 = ___
10 : 4 = ___	30 : 4 = ___	100 : 40 = ___	300 : 40 = ___
15 : 4 = ___	35 : 4 = ___	150 : 40 = ___	350 : 40 = ___
20 : 4 = ___	40 : 4 = ___	200 : 40 = ___	400 : 40 = ___

6 6 Kinder kaufen gemeinsam ein Geburtstagsgeschenk für 45 Euro. [?]

1–6 Divisionsaufgaben mit Rest lösen und vergleichen.

→ Schülerbuch, Seiten 120/121

Addieren und Subtrahieren

○ **1** Welche Aufgabe rechnest du schriftlich (S), welche im Kopf (K)? Kreuze an und rechne.

871 − 284

☒ S ☐ K

$$\begin{array}{r} 871 \\ -\ 284 \\ \hline \end{array}$$

398 − 249

☐ S ☐ K

524 + 387

☐ S ☐ K

500 − 440

☐ S ☐ K

698 − 9

☐ S ☐ K

324 + 222

☐ S ☐ K

◒ **2** Finde passende Aufgaben.

331	789	39	121	31	549
431	889	49	221	51	550
531	989	59	321	71	551

a) Finde Plusaufgaben. Die Summe soll größer als 500 sein.

$$\begin{array}{r} 551 \\ +\ 221 \\ \hline 772 \end{array}$$

b) Finde Minusaufgaben. Die Differenz soll kleiner als 500 sein.

$$\begin{array}{r} 549 \\ -\ 59 \\ \hline 490 \end{array}$$

1 Aufgaben dahingehend unterscheiden, ob schriftlich oder eher halbschriftlich bzw. im Kopf gerechnet wird. **2** Aufgaben zu vorgegebenen Ergebnissen finden und rechnen.

→ Schülerbuch, Seiten 122/123

Rückblick

○ **1** Vergleiche. < oder > oder = ?

a) 2 · 23 ◯ 50
4 · 23 ◯ 100
8 · 23 ◯ 150

b) 10 · 5 ◯ 5 · 11
11 · 5 ◯ 6 · 11
12 · 5 ◯ 6 · 12

c) 180 : 3 ◯ 50
150 : 3 ◯ 50
120 : 3 ◯ 50

d) 200 : 2 ◯ 400 : 4
400 : 2 ◯ 400 : 4
600 : 2 ◯ 400 : 4

○ **2** Rechenketten.

a)
Start 12 —(· 10)→ 120 —(: 2)→ Ziel
Start 12 —(· 5)→ Ziel

Start 32 —(· 10)→ —(: 2)→ Ziel
Start 32 —(· 5)→ Ziel

b)
Start 150 —(· 2)→ 300 —(: 10)→ Ziel
Start 150 —(: 5)→ Ziel

Start 240 —(· 2)→ —(: 10)→ Ziel
Start 240 —(: 5)→ Ziel

○ **3** Divisionsaufgaben mit und ohne Rest.

a) 60 : 6 = ____
69 : 6 = ____
78 : 6 = ____
87 : 6 = ____

b) 60 : 3 = ____
65 : 3 = ____
70 : 3 = ____
75 : 3 = ____

c) 180 : 50 = ____
190 : 50 = ____
200 : 50 = ____
210 : 50 = ____

d) 120 : 4 = ____
130 : 4 = ____
140 : 4 = ____
150 : 4 = ____

○ **4** Welche Aufgabe rechnest du schriftlich (S), welche im Kopf (K)? Kreuze an und rechne.

199 + 289
☐ S ☐ K

834 – 548
☐ S ☐ K

431 + 502
☐ S ☐ K

1–4 Wesentliche Aspekte des Kapitels noch einmal reflektieren.

→ Schülerbuch, Seite 124

Forschen und Finden: Zahlenmauern

1 Vergleiche die Zahlenmauern. Was fällt dir auf?

a)

119	120	121

110	120	130

b)

101	202	303

200	202	204

c)

199	201	199

201	199	201

d)

15	150	15

150	15	150

2 Immer derselbe Grundstein. Was fällt dir auf?

a)

40	40	40

45	45	45

b)

24	24	24

240	240	240

c)

35	35	35

350	350	350

d)

120	120	120

150	150	150

3 Finde Zahlenmauern mit gleichen Grundsteinen.

a)

	200	

	220	

b)

	44	

	440	

c)

	60	

	600	

d)

	36	

	72	

4 Zahlenmauern.

25	25	25	25

31	31	31	31

125	125	125	125

1, 2 Zusammenhänge zwischen den mittleren Steinen und den Grundsteinen beschreiben. **3** Decksteine einer Zahlenmauer mit denselben Grundsteinen untersuchen. **4** Vierstöckige Zahlenmauern mit gleichen Grundsteinen lösen.

→ Schülerbuch, Seite 125

Mit Tabellen rechnen

Ticketangebote der Verkehrsbetriebe.

	Kinder	Erwachsene
Einzelticket gültig für eine Fahrt	2 €	3 €
Viererticket gültig für vier Fahrten	6 €	9 €
Monatsticket gültig für 1 Person und beliebig viele Fahrten in einem Monat	32 €	81 €

1 Am Wochenende fahren diese Gruppen mit der S-Bahn zum Zoologischen Garten.
Wie viel Euro kosten Hin- und Rückfahrt? Finde das günstigste Angebot.

2 Finde das günstigste Angebot.

a) Herr Sommer fährt im Juni an 16 Tagen mit der S-Bahn zur Arbeit und zurück.

b) Anna fährt im Juni ebenfalls an 16 Tagen mit der S-Bahn zur Schule und zurück.

3 a) Herr Sommer fährt mit der S-Bahn S7.
Er muss um 7.40 Uhr am Alexanderplatz sein.
Wann muss er am Savignyplatz einsteigen?

b) Wie lange dauert seine Fahrt?

c) Anna fährt genau 20 Minuten mit der S7.
Sie steigt an der Haltestelle Ostkreuz aus.
An welcher Haltestelle ist sie eingestiegen?

S7	Alle 10 Minuten		
S Westkreuz	**07:05**	**07:15**	**07:25**
S Charlottenburg Bhf	07:07	07:17	07:27
S Savignyplatz	07:09	07:19	07:29
S+U Zoologischer Garten Bhf	07:11	07:21	07:31
S Tiergarten	07:13	07:23	07:33
S Bellevue	07:15	07:25	07:35
S+U Berlin Hauptbahnhof	07:18	07:28	07:38
S+U Friedrichstr. Bhf	07:21	07:31	07:41
S Hackescher Markt	07:23	07:33	07:43
S+U Alexanderplatz Bhf	07:25	07:35	07:45
S+U Jannowitzbrücke	07:27	07:37	07:47
S Ostbahnhof	07:29	07:39	07:49
S+U Warschauer Str.	07:32	07:42	07:52
S Ostkreuz	07:33	07:43	07:53

1, 2 Unterschiedliche Angebote berechnen und vergleichen. **3** Sachaufgaben am Fahrplan lösen.

→ Schülerbuch, Seiten 128/129

Lösungswege vergleichen

1 Paula spart gemeinsam mit ihren Eltern für ein neues Fahrrad.
Paula legt jeden Monat 5 € in die Spardose,
ihre Eltern legen jeden Monat 50 € dazu. Das Fahrrad kostet 275 €.
Nach wie vielen Monaten kann Paula das Fahrrad kaufen?

Antwort: ____________________

2 Familie Berg baut einen Hobbyraum.
Der Boden wird mit Gummimatten ausgelegt.
Der Raum ist 5 m 50 cm lang und 3 m 50 cm breit.
Eine Gummimatte ist 50 cm lang und 50 cm breit.
Wie viele Gummimatten benötigen sie?

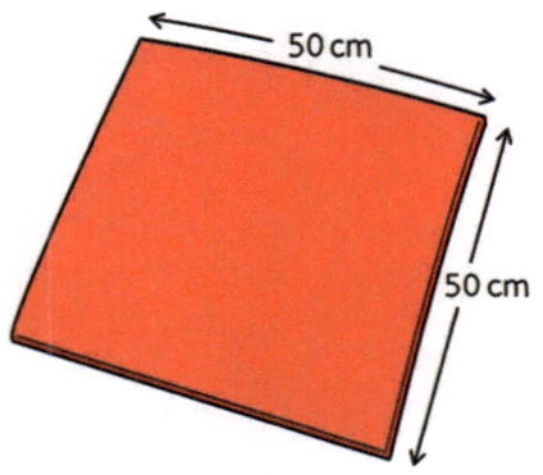

Antwort: ____________________

3 Herr Berg zäunt seinen Garten ein und baut ein Gehege für seine Hasen.

a) Wie viele Meter Zaun benötigt er für seinen Garten?

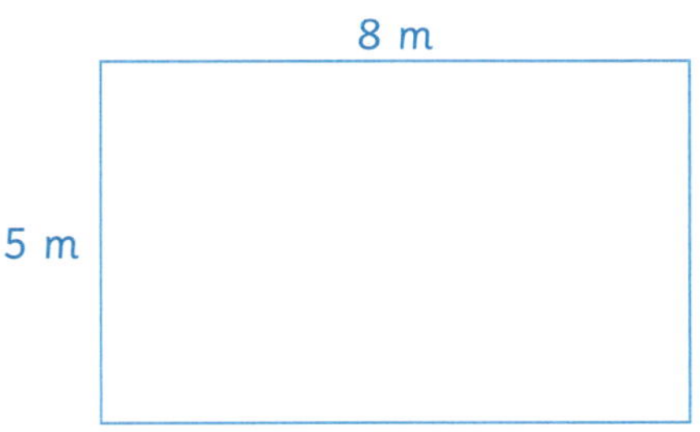

Antwort: ____________________

b) Wie viele Meter Zaun benötigt er für das Hasengehege?

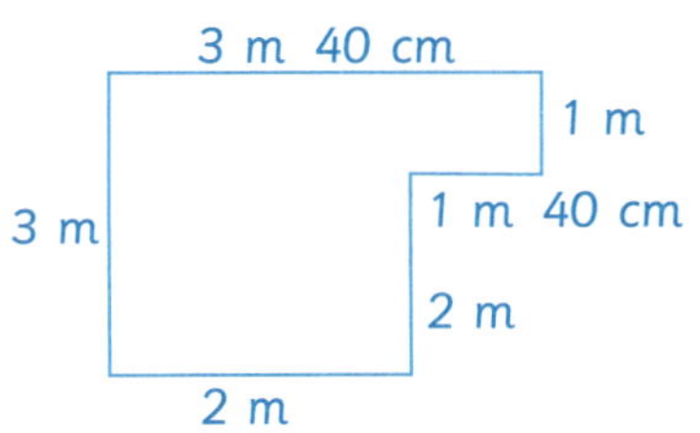

Antwort: ____________________

1–3 Aufgabe auf eigenen Wegen lösen. **2, 3** Skizzen als Hilfsmittel nutzen.

→ Schülerbuch, Seiten 130/131 → Probieren und Kombinieren 3, Seite 32

Formen in der Kunst

1 Setze das Muster fort.

a)

b)

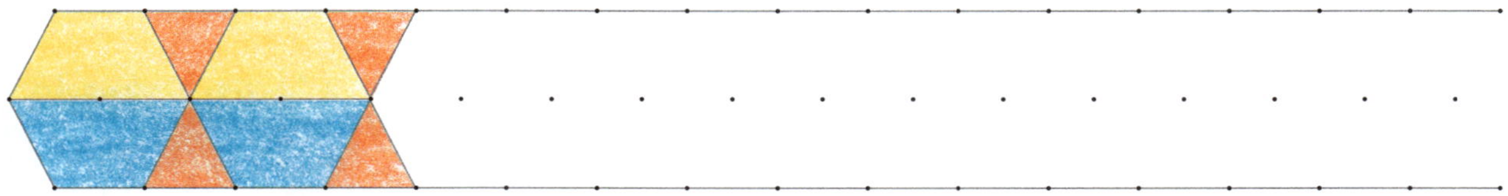

c)

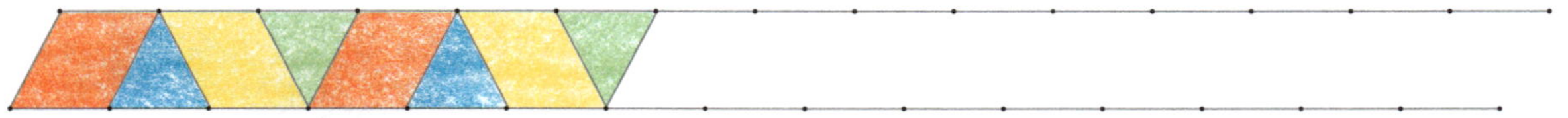

d)

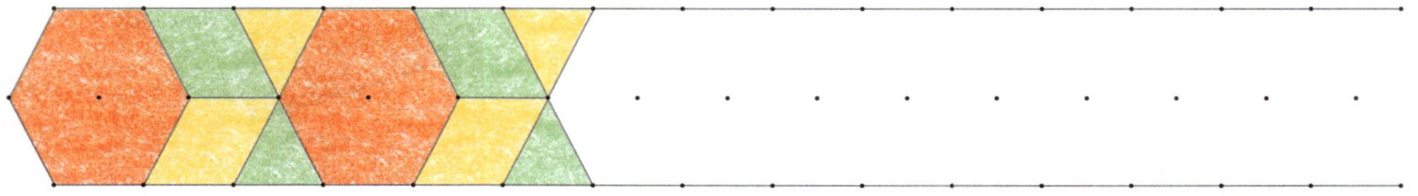

2 Färbe das Muster und setze fort. Beschreibe die Grundfigur.

a)

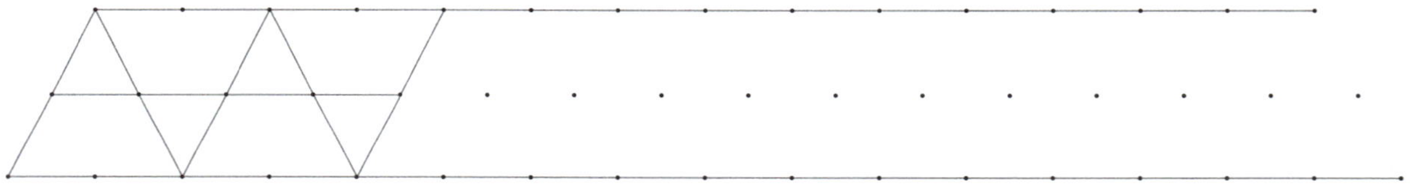

Die Grundfigur ______________________________

b)

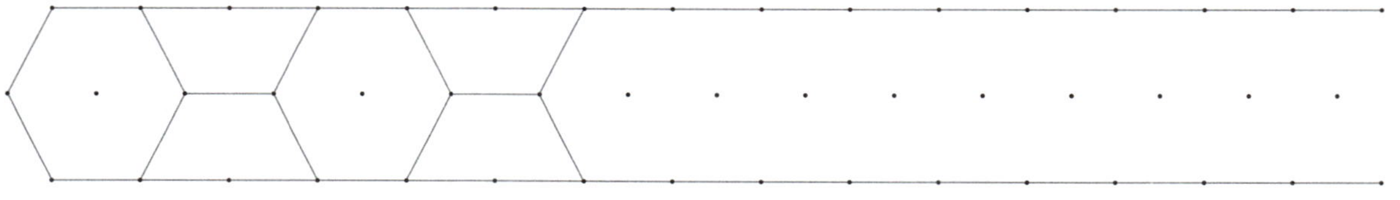

Die Grundfigur ______________________________

c)

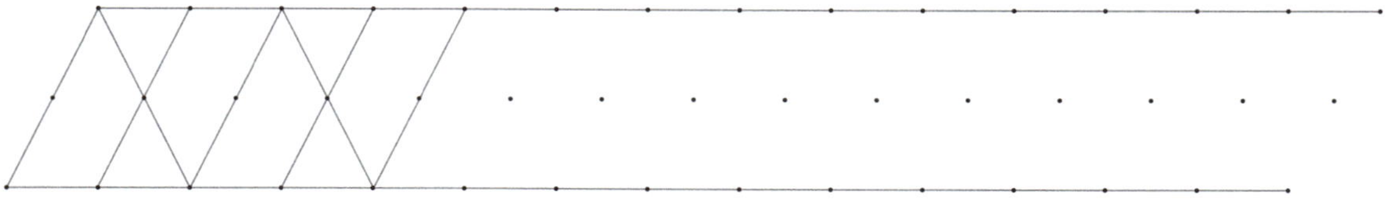

Die Grundfigur ______________________________

Bei Problemen können die Aufgaben mit dem Legematerial zunächst nachgelegt werden. **1** Grundfigur der Muster erkennen. Muster zeichnerisch fortsetzen. Grundfigur beschreiben. **2** Muster färben und damit die Grundfigur individuell festlegen. Anschließend Muster zeichnerisch fortsetzen. Grundfigur beschreiben.

→ Schülerbuch, Seiten 132/133

Parkette

1 Setze das Parkett fort. Beschreibe die Grundfigur.

a)

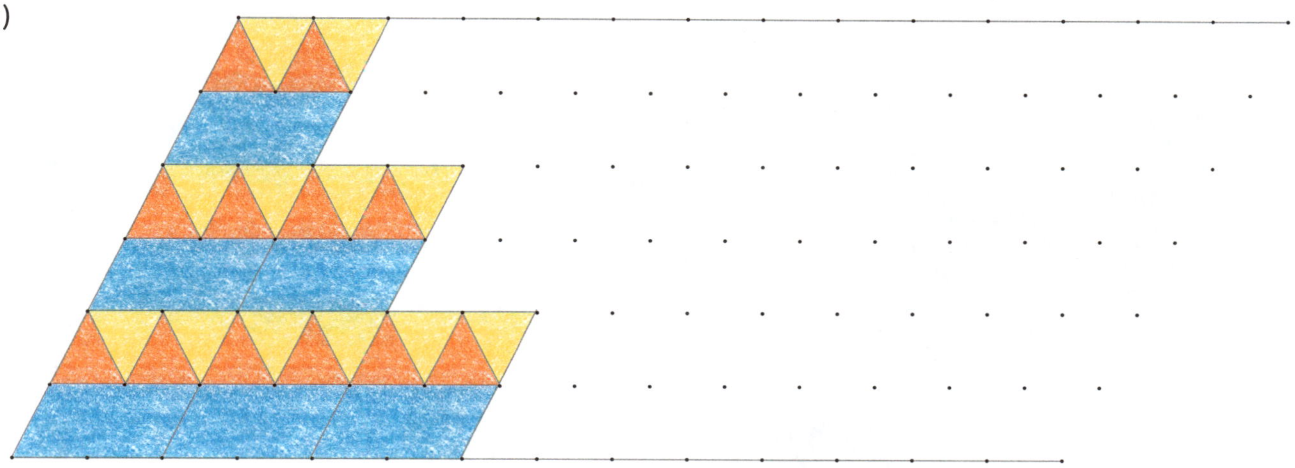

Die Grundfigur

b)

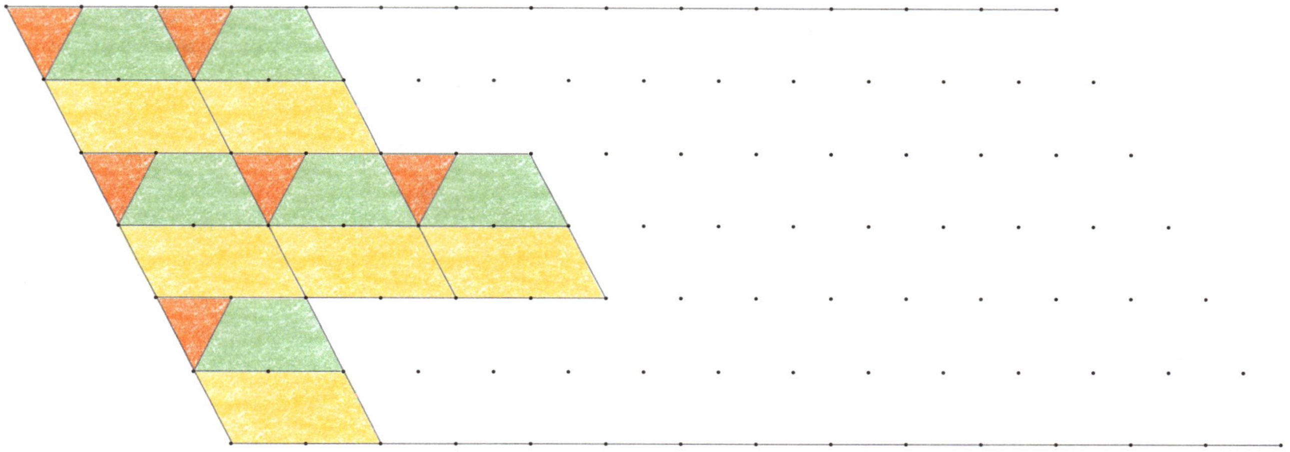

Die Grundfigur

2 Färbe das Parkett und setze fort. Beschreibe die Grundfigur.

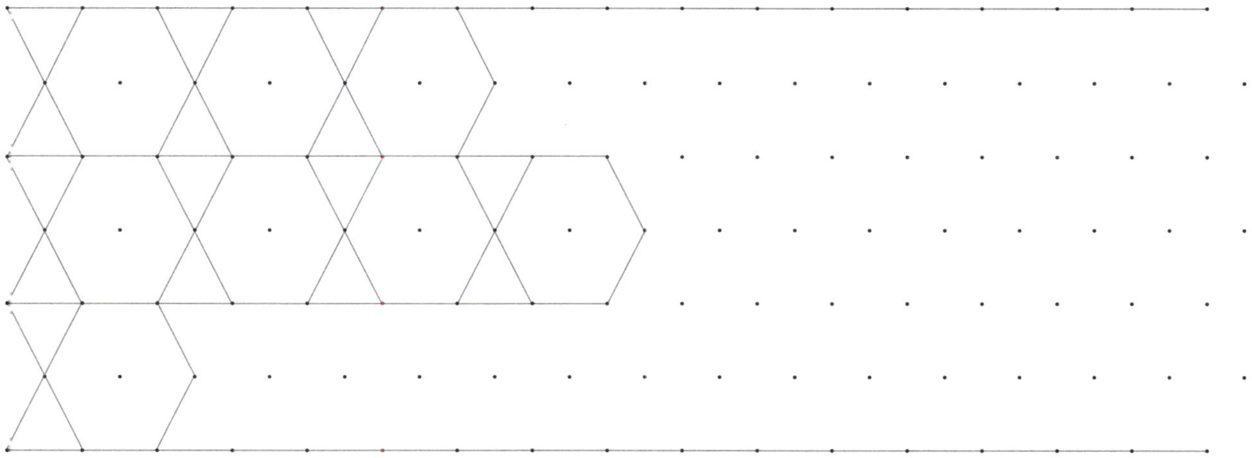

Die Grundfigur

Bei Problemen können die Aufgaben mit dem Legematerial zunächst nachgelegt werden. **1** Grundfigur der Muster erkennen. Muster zeichnerisch fortsetzen. Grundfigur beschreiben. **2** Muster färben und damit die Grundfigur individuell festlegen. Anschließend Muster zeichnerisch fortsetzen. Grundfigur beschreiben.

→ Schülerbuch, Seiten 134/135

Spiele mit dem Zufall

1

Kugeln ziehen

Im Beutel sind 4 Kugeln:

Spielregeln: 2 Kugeln ziehen. Welche Farben?

Eva darf setzen: Eine Kugel ist braun und eine rot.

Murat darf setzen: Die erste Kugel ist blau.

a) Spiele „**Kugeln ziehen**". Wer darf setzen? Mache eine Strichliste.

Eva	Murat

b) Welche Ziehungen sind möglich? Male die Kugeln im Plan passend an.

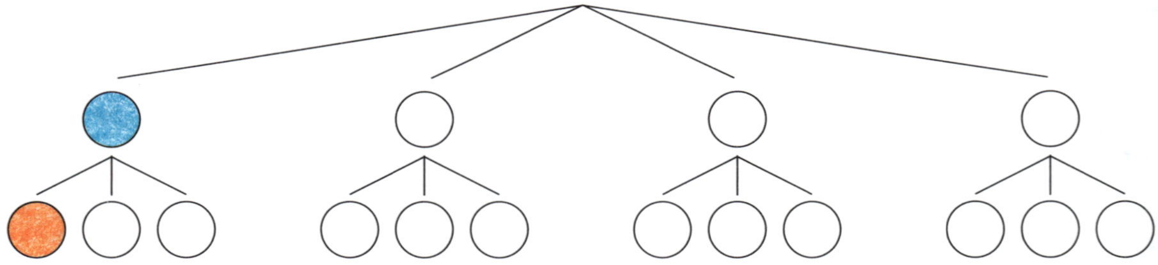

2 Vergleiche am Plan und zeichne. Bei welchen Ziehungen darf ...

a) ... Murat setzen?

b) ... Eva setzen?

c) ... niemand setzen?

3 Ist das Spiel gerecht? Erkläre.

Zufallsexperiment durchführen. Die Ziehungen am Baumdiagramm („Plan") darstellen und dadurch die Chancenverteilung klären.

→ Schülerbuch, Seiten 136/137

Spiele mit dem Zufall

Kugeln ziehen

Im Beutel sind 4 Kugeln: 

Spielregeln: 2 Kugeln ziehen. Welche Farben?

1 Esra und Paula spielen „**Kugeln ziehen**“.

Esra darf setzen: Eine Kugel ist rot.

Paula darf setzen: Keine Kugel ist rot.

Vergleiche am Plan und zeichne. Bei welchen Ziehungen darf ...

a) ... Esra setzen? ______

b) ... Paula setzen? ______

c) ... niemand setzen? ______

2 Ina und Leo spielen „**Kugeln ziehen**“ nach anderen Regeln.

Ina darf setzen: Eine Kugel ist rot und eine ist blau.

Leo darf setzen: Eine Kugel ist blau.

Vergleiche am Plan und zeichne. Bei welchen Ziehungen darf ...

a) ... Ina setzen? ______

b) ... Leo setzen? ______

c) ... niemand setzen? ______

3 Ist das Spiel von Ina und Leo gerecht? Begründe.

______

4 Ziehungen raten.

Ina hat schon eine Kugel gezogen. Welche könnte es sein? Zeichne.

a) Es ist **möglich**, dass Ina setzen darf. ______

b) Es ist **unmöglich**, dass Ina setzen darf. ______

c) Es ist **möglich**, dass Leo setzen darf. ______

d) Es ist **sicher**, dass Leo setzen darf. ______

e) Es ist **möglich**, dass niemand setzen darf. ______

f) Es ist **unmöglich**, dass niemand setzen darf. ______

1, 2 Die möglichen Ereignisse finden und aufzeichnen. **3** Anhand der Anzahl der jeweils möglichen Ereignisse begründen.
4 Fachbegriffe *unmöglich*, *möglich* und *sicher* zuweisen.
(P, K, A, D)

→ Schülerbuch, Seiten 136/137

Bald ist Ostern

1 Für die Osterketten hast du .

Ordne die Osterketten am Plan und finde alle verschiedenen Möglichkeiten.
Erkläre, warum es genau 16 sind.

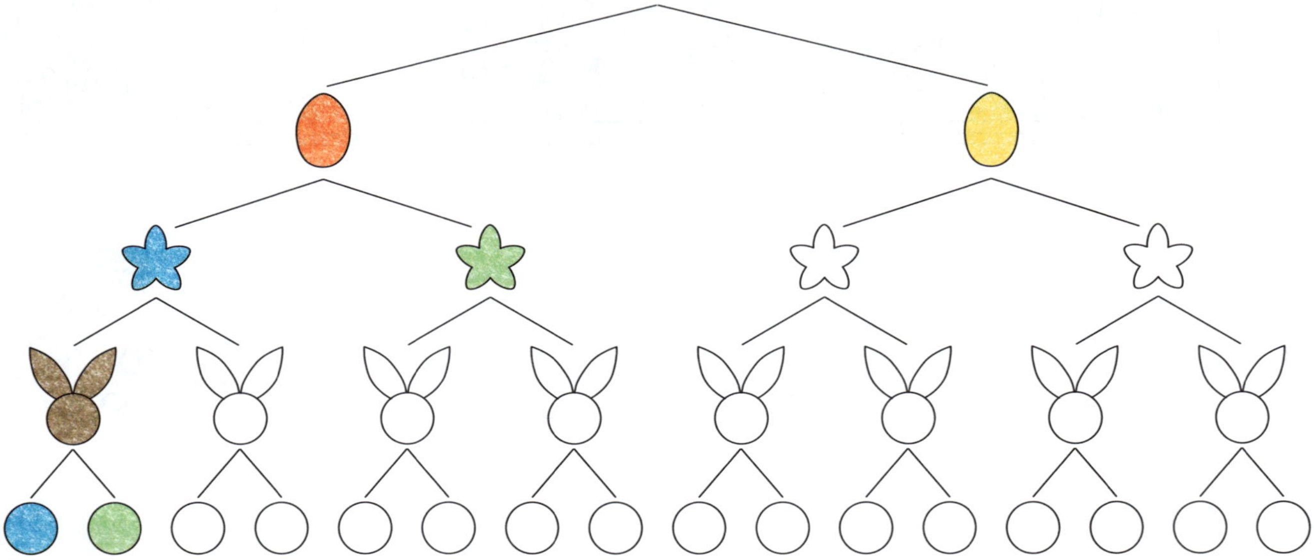

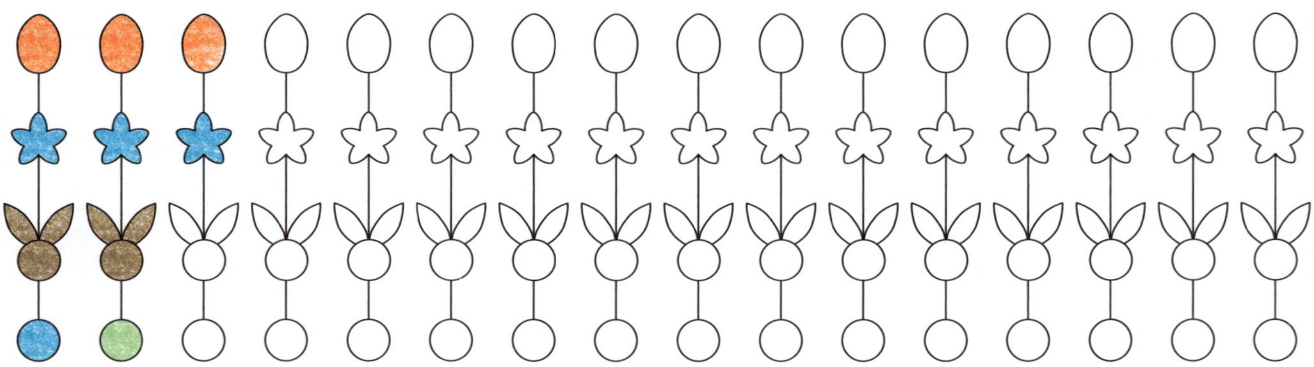

2 Welche Osterketten hängen zusammen? Ordne.

	Ketten mit blauer Blume	Ketten mit grüner Blume
Ketten mit braunem Hasen		
Ketten mit weißem Hasen		

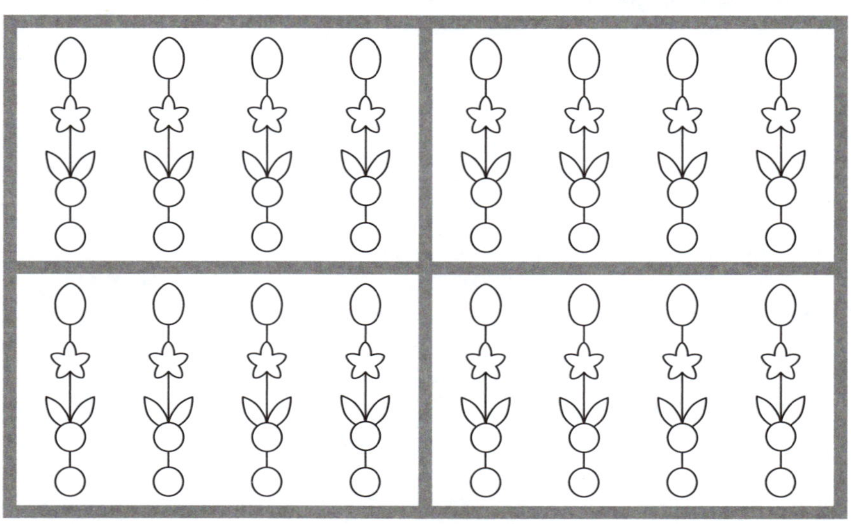

1 Baumdiagramm ausfüllen. 2 Osterketten am Vierfelderdiagramm einordnen.

→ Schülerbuch, Seiten 140/141

Schriftliche Subtraktion: Entbündeln

○ **1** Subtrahiere. Erst die Einer, dann die Zehner, dann die Hunderter.

a)

	H	Z	E
	5	10	
	~~6~~	2	7
−	3	9	2
	2	3	5

7 − 2 = 5, schreibe 5.
12 − 9 = 3, schreibe 3
5 − 3 = 2, schreibe 2,
also 235.

Eric

	H	Z	E
	6	8	2
−	4	8	1

b)

	H	Z	E
	7	4	5
−	5	0	9

	H	Z	E
	5	7	1
−	4	6	5

	H	Z	E
	9	3	8
−	7	2	9

	H	Z	E
	2	8	2
−		7	8

	H	Z	E
	7	4	6
−		6	7

c)

	H	Z	E
	8	5	3
−	5	2	9

	H	Z	E
	3	9	1
−	2	7	5

	H	Z	E
	5	2	4
−	3	7	2

	H	Z	E
	6	4	5
−	3	5	5

	H	Z	E
	7	4	6
−	4	4	9

○ **2** Schreibe die Zahlen stellengerecht untereinander und rechne.

a) 999 − 123

	H	Z	E
	9	9	9
−	1	2	3

999 − 876

	H	Z	E
	9	9	9
−	8	7	6

b) 666 − 123 −

999 − 543 −

c) 878 − 509

	8	7	8
−	5	0	9

777 − 408

d) 901 − 235 802 − 136

e) 703 − 387 713 − 397

f) 892 − 89 892 − 803

1, 2 Übungen zur schriftlichen Subtraktion, insbesondere bewusstes Mitsprechen und korrekte, stellengerechte Notation.

→ Schülerbuch, Seiten 142/143

Grundvorstellungen im Tausenderraum

○ **1** Wie viel Euro?

____ Euro

____ Euro

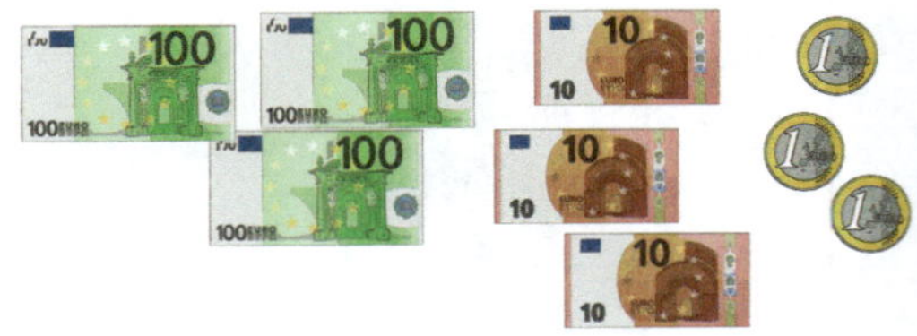

____ Euro

____ Euro

____ Euro

____ Euro

○ **2** Zahlen darstellen.

	H	Z	E			H	Z	E	
fünfhunderteinundzwanzig				____	zweihundertfünfzehn				____
einhundertzweiundfünfzig				____	fünfhundertzwölf				____
zweihunderteinundfünfzig				____	einhundertfünf				____

○ **3** Zahlen ordnen.

~~78~~, 807, 87, 780, 808, 787, 878, 880, 708

78

○ **4** Zahlen zerlegen.

347 = 300 + 40 + 7	374 = ____	704 = ____
473 = ____	743 = ____	74 = ____
437 = ____	734 = ____	470 = ____

○ **5** In Schritten vorwärts zählen.

Einerschritte: 285, 286, 287, ____, ____, ____, ____, ____, ____, ____

Zehnerschritte: 285, 295, ____, ____, ____, ____, ____, ____, ____, ____

Hunderterschritte: 285, 385, ____, ____, ____, ____, ____, ____, ____, ____

Grundwissen am Ende des 3. Schuljahres.
Die Aufgaben sollten selbstständig gelöst werden (Lernstandskontrolle).

○ **6** In Schritten rückwärts zählen.

Einerschritte: 915, 914, 913, ____, ____, ____, ____, ____, ____, ____

Zehnerschritte: 915, 905, ____, ____, ____, ____, ____, ____, ____, ____

Hunderterschritte: 915, 815, ____, ____, ____, ____, ____, ____, ____, ____

○ **7** Nachbarzahlen.

449, 450, 451	____, 501, ____	____, 901, ____	____, 777, ____
____, 455, ____	____, 505, ____	____, 910, ____	____, 788, ____
____, 490, ____	____, 550, ____	____, 950, ____	____, 878, ____
____, 499, ____	____, 555, ____	____, 979, ____	____, 887, ____
____, 500, ____	____, 560, ____	____, 990, ____	____, 888, ____

○ **8** Ergänzen bis 100 und bis 1 000.

90 + ____ = 100	92 + ____ = 100	97 + ____ = 100	91 + ____ = 100
390 + ____ = 1000	392 + ____ = 1000	497 + ____ = 1000	791 + ____ = 1000
50 + ____ = 100	53 + ____ = 100	58 + ____ = 100	56 + ____ = 100
650 + ____ = 1000	653 + ____ = 1000	858 + ____ = 1000	656 + ____ = 1000
76 + ____ = 100	67 + ____ = 100	83 + ____ = 100	38 + ____ = 100
776 + ____ = 1000	667 + ____ = 1000	383 + ____ = 1000	838 + ____ = 1000

○ **9** Zahlen vergleichen: < oder >?

90 ◯ 95	963 ◯ 369	17 ◯ 170	787 ◯ 887	811 ◯ 191
900 ◯ 195	693 ◯ 639	171 ◯ 177	870 ◯ 87	123 ◯ 321
500 ◯ 950	393 ◯ 396	770 ◯ 777	877 ◯ 888	1089 ◯ 891

○ **10** Einfache Plus- und Minusaufgaben.

8 + 2 = ____	3 + 4 = ____	6 + 3 = ____	7 + 5 = ____
80 + 20 = ____	30 + 40 = ____	60 + 30 = ____	70 + 50 = ____
800 + 200 = ____	300 + 400 = ____	600 + 300 = ____	700 + 500 = ____
9 − 7 = ____	7 − 4 = ____	6 − 5 = ____	8 − 3 = ____
90 − 70 = ____	70 − 40 = ____	60 − 50 = ____	80 − 30 = ____
900 − 700 = ____	700 − 400 = ____	600 − 500 = ____	800 − 300 = ____

Grundwissen am Ende des 3. Schuljahres.
Die Aufgaben sollten selbstständig gelöst werden (Lernstandskontrolle).

Grundrechenarten im Tausenderraum

1 Plusaufgaben.

a) 6 + 3 = ___
60 + 30 = ___
600 + 300 = ___
660 + 330 = ___
662 + 335 = ___

b) 5 + 8 = ___
50 + 80 = ___
500 + 200 = ___
530 + 280 = ___
534 + 282 = ___

c) 350 + 350 = ___
345 + 345 = ___
355 + 355 = ___
365 + 345 = ___
375 + 335 = ___

d) 146 + 100 = ___
146 + 99 = ___
146 + 120 = ___
146 + 199 = ___
146 + 197 = ___

2 Minusaufgaben.

a) 682 − 400 = ___
282 − 50 = ___
232 − 6 = ___
682 − 456 = ___

b) 739 − 200 = ___
539 − 40 = ___
499 − 8 = ___
739 − 248 = ___

c) 830 − 100 = ___
830 − 90 = ___
830 − 85 = ___
830 − 95 = ___

d) 965 − 300 = ___
965 − 250 = ___
965 − 255 = ___
965 − 256 = ___

3 Überschlage.

a) 583 + 298 ≈ ___
Ü: 600 + 300 = ___

348 + 155 ≈ ___
Ü: ___ + ___ = ___

b) 358 + 245 ≈ ___
Ü: ___ + ___ = ___

583 + 227 ≈ ___
Ü: ___ + ___ = ___

c) 971 − 429 ≈ ___
Ü: ___ − ___ = ___

645 − 278 ≈ ___
Ü: ___ − ___ = ___

4 Rechne schriftlich.

148	269	596	409	106	115	370
+ 185	+ 397	+ 403	+ 479	+ 338	+ 107	+ 185

744	229	397	219	287	168	256
+ 165	+ 579	+ 310	+ 387	+ 218	+ 236	+ 47

5 Rechne schriftlich.

900	895	890	885	880	875	870
− 402	− 407	− 412	− 417	− 422	− 427	− 432

Grundwissen am Ende des 3. Schuljahres.
Die Aufgaben sollten selbstständig gelöst werden (Lernstandskontrolle).

○ **6** Finde die fehlenden Ziffern. Achte auf die Überträge.

a)

	□	□	9
+	4	5	□
	9	6	3

	2	4	6
+	□	4	□
	8	□	8

	4	□	□
+	5	3	4
1	0	0	0

b)

	8	□	7
−	□	2	1
	3	1	□

	7	8	2
−	3	□	□
	3	8	7

	□	1	1
−	4	□	□
	4	0	2

○ **7** Rechne am Malkreuz.

a) 6 · 17 = ____ 7 · 16 = ____

·	10	7
6		

·	10	6
7		

b) 9 · 18 = ____ 8 · 19 = ____

·	10	8
9		

·	10	9
8		

○ **8** Finde Malaufgaben mit dem gleichem Ergebnis.

120	180	200	240	100

○ **9** a)

3 · 80 = ____	5 · 60 = ____	3 · 60 = ____	3 · 40 = ____	3 · 50 = ____
4 · 60 = ____	10 · 30 = ____	2 · 90 = ____	2 · 60 = ____	5 · 30 = ____
8 · 30 = ____	3 · 100 = ____	9 · 20 = ____	10 · 12 = ____	15 · 10 = ____
6 · 40 = ____	6 · 50 = ____	6 · 30 = ____	4 · 30 = ____	10 · 15 = ____

b)

80 : 9 = ____	732 : 90 = ____	800 : 90 = ____	808 : 90 = ____
70 : 9 = ____	637 : 90 = ____	700 : 90 = ____	707 : 90 = ____
60 : 9 = ____	546 : 90 = ____	600 : 90 = ____	606 : 90 = ____
50 : 9 = ____	455 : 90 = ____	500 : 90 = ____	505 : 90 = ____

○ **10** Welche Rechenzeichen passen? Setze +, −, · oder : ein.

a)	b)	c)	d)
8 ◯ 4 = 32	50 ◯ 10 = 60	20 ◯ 5 = 25	80 ◯ 8 = 640
8 ◯ 4 = 12	50 ◯ 10 = 5	20 ◯ 5 = 100	80 ◯ 8 = 72
8 ◯ 4 = 4	50 ◯ 10 = 500	20 ◯ 5 = 4	80 ◯ 8 = 10
8 ◯ 4 = 2	50 ◯ 10 = 40	20 ◯ 5 = 15	80 ◯ 8 = 88

Grundwissen am Ende des 3. Schuljahres.
Die Aufgaben sollten selbstständig gelöst werden (Lernstandskontrolle).

Geometrische Grundfertigkeiten

○ **1** Ergänze das Spiegelbild.

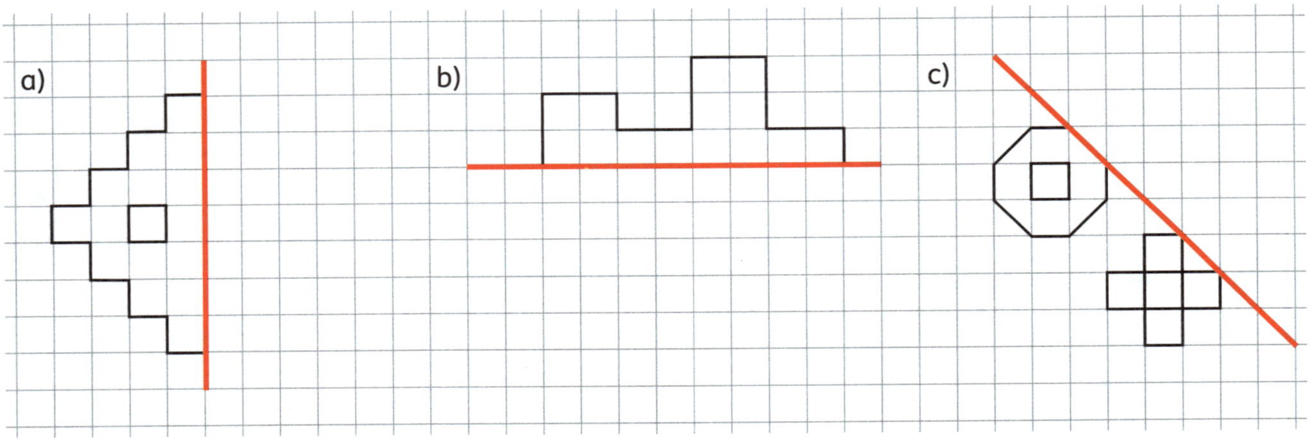

○ **2** Wie groß ist der Fächeninhalt?

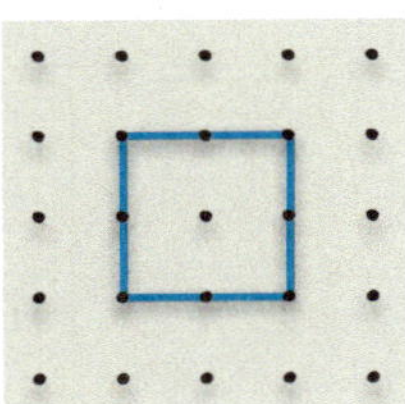

____ Einheitsquadrate

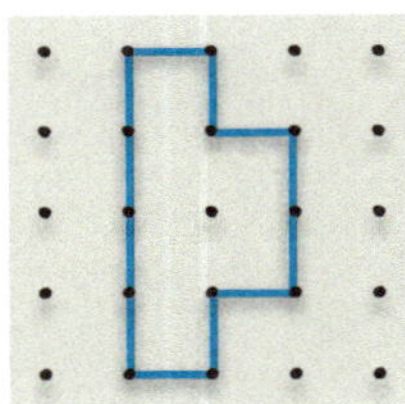

____ Einheitsquadrate

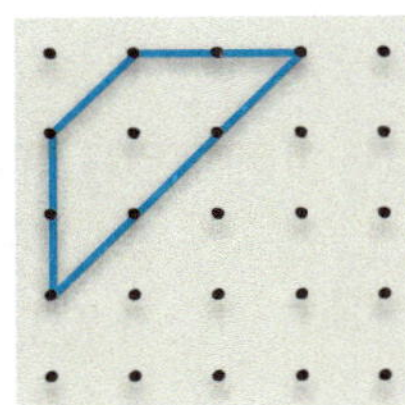

____ Einheitsquadrate

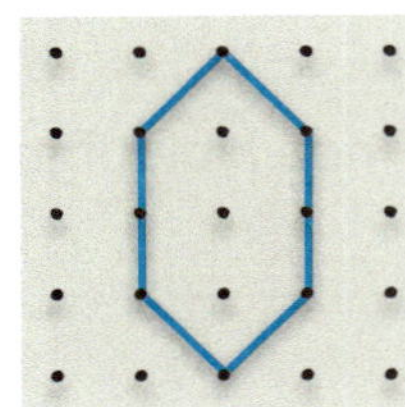

____ Einheitsquadrate

○ **3** Wie heißen die Figuren?

a) 

____

b) 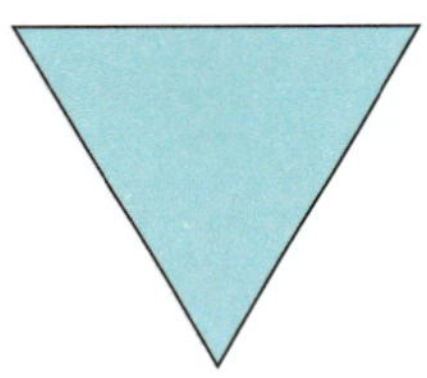

____

c) 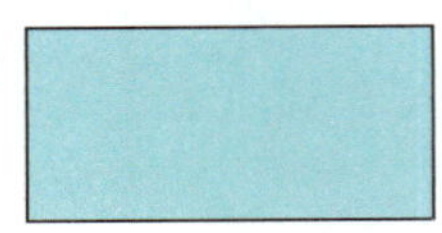

____

d) 

____

e) 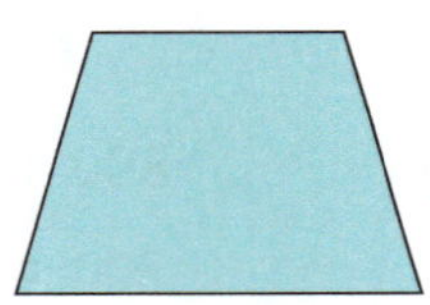

____

f) 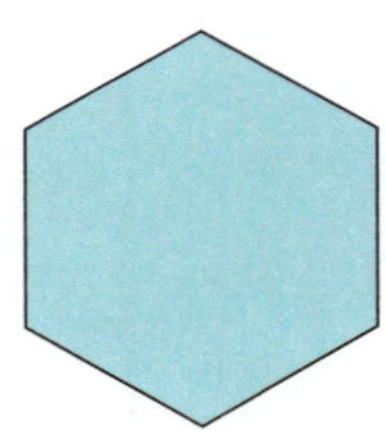

____

g) 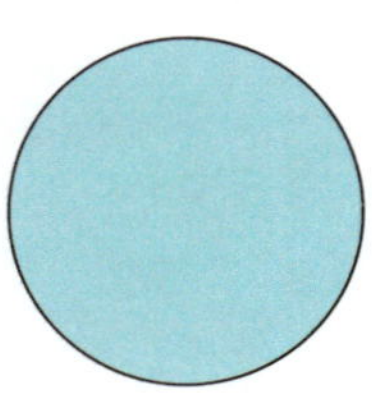

____

h) 

____

Grundwissen am Ende des 3. Schuljahres.
Die Aufgaben sollten selbstständig gelöst werden (Lernstandskontrolle).

○ **4** Setze die Parkette fort.

a) 

b) 

○ **5** Zeichne mit dem Lineal Strecken, die 1 cm, 30 mm, 5 cm 7 mm und 3 cm 8 mm lang sind.

○ **6** Zwei Baupläne gehören zum gleichen Gebäude. Kreuze an.

a) 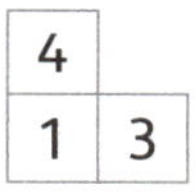

☐

b) 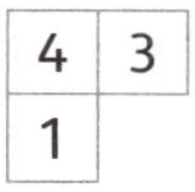

☐

c) 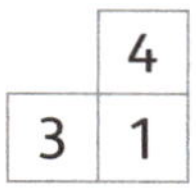

☐

d) 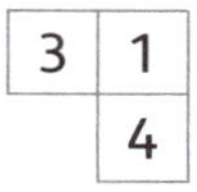

☐

○ **7** Aus welchen Sechslingen kann man Würfel falten? Kreuze an.

a) 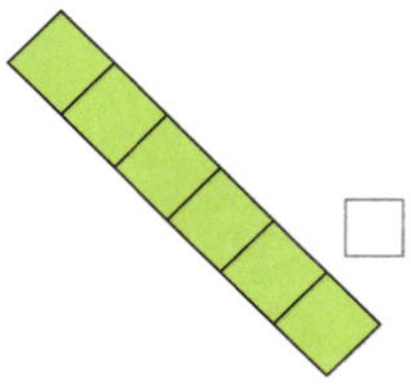 ☐

b)  ☐

c) 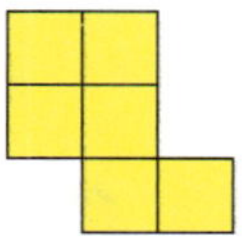 ☐

d)  ☐

○ **8** Aus welcher Himmelsrichtung wurden die Seitenansichten gezeichnet?

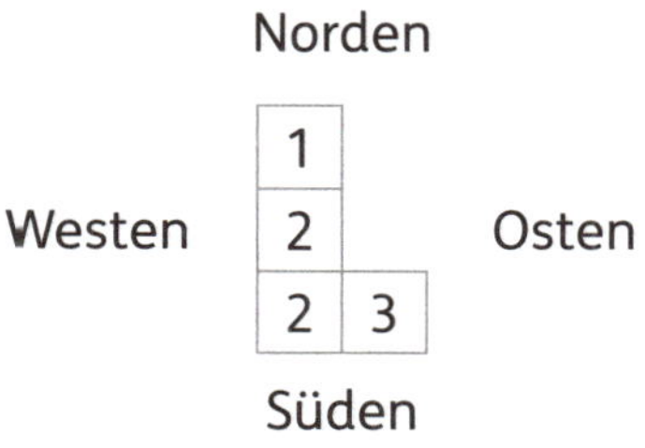

a) 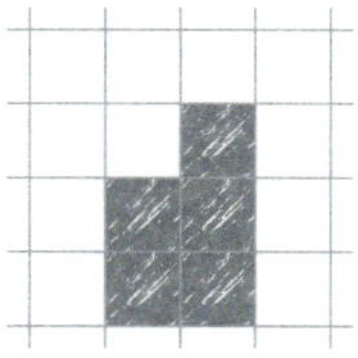

b) 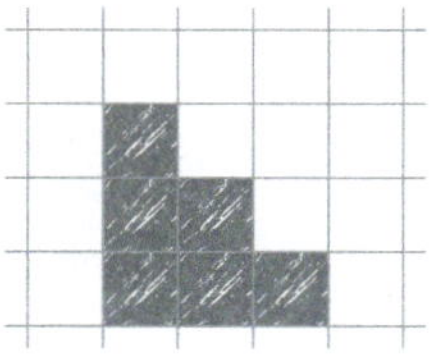

c) 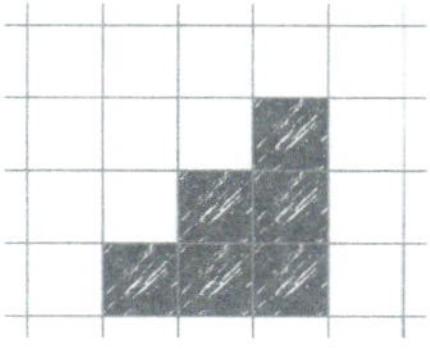

d) 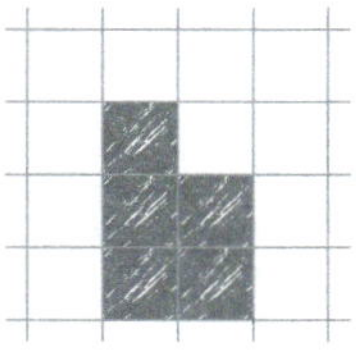

Grundwissen über Größen

○ **1** Welche Scheine und welche Münzen gibt es?

200		

Euro

○ ○ Euro

○ ○ ○ ○ ○ ○ Cent

○ **2** a) 1 € = ____ ct b) 0,10 € = ____ ct c) 0,50 € = ____ ct d) 0,48 € = ____ ct

0,50 € = ____ ct 0,01 € = ____ ct 0,24 € = ____ ct 0,94 € = ____ ct

○ **3** Wie viel Euro sind es?

10 €	1 €	10 ct	1 ct	
				____ €
				____
				____

○ **4** a)

Brötchen	1	2	3	4
Preis	0,25 €			

b)

Pizza	1	2	3	4
Preis	3,10 €			

○ **5** a) 1 kg = ____ g b) 1 t = ____ kg c) 1 kg = 10 · ____ g d) 1 kg = 2 · ____ g

2 kg = ____ g 2 t = ____ kg 1 kg = 5 · ____ g 1 kg = 4 · ____ g

○ **6** Wie schwer?

1 Apfel: ____ g 1 Brötchen: ____ g 1 Jogurt: ____ g 1 Paket Butter: ____ g

○ **7** Immer 1 kg.

500 g + ____ g 580 g + ____ g

250 g + ____ g 780 g + ____ g

○ **8** Immer 1 t.

800 kg + ____ kg 475 kg + ____ kg

970 kg + ____ kg 893 kg + ____ kg

○ **9** Ordne nach dem Gewicht. Beginne mit dem kleinsten.

1 kg | ~~300 g~~ | 570 g | 1 t | 750 g | 1 kg 500 g | 75 kg

300 g < ____ < ____ < ____ < ____ < ____ < ____

Grundwissen am Ende des 3. Schuljahres.
Die Aufgaben sollten selbstständig gelöst werden (Lernstandskontrolle).

○10 a) 1 cm = _____ mm b) 1 km = _____ m c) 1 m = _____ cm d) 0,10 m = _____ cm

2 cm = _____ mm 2 km = _____ m 0,50 m = _____ cm 0,98 m = _____ cm

○11 Immer 1 km.

a) 500 m + _____ m b) 470 m + _____ m c) 435 m + _____ m d) 333 m + _____ m

250 m + _____ m 215 m + _____ m 207 m + _____ m 194 m + _____ m

○12 Immer 1 m.

a) 80 cm + _____ cm b) 83 cm + _____ cm c) 63 cm + _____ cm d) 67 cm + _____ cm

40 cm + _____ cm 42 cm + _____ cm 52 cm + _____ cm 31 cm + _____ cm

○13 Schreibe in m und cm.

a) 6,25 m = ___ m ___ cm b) 8,25 m = ___ m ___ cm c) 9,17 m = ___ m ___ cm

3,50 m = ___ m ___ cm 3,75 m = ___ m ___ cm 2,02 m = ___ m ___ cm

○14 Ordne nach der Länge. Beginne mit der kleinsten.

7 km | ~~50 m~~ | 600 m | 1 km 225 m | 125 m | 750 m

50 m < _____ < _____ < _____ < _____ < _____

○15 Wie lang sind diese Gegenstände ungefähr?

Nagel: _____ Schraube: _____ Nadel: _____ Bohrer: _____

○16 Zeichne ohne Lineal Strecken von ungefähr 1 cm, 2 cm, 3 cm und 5 cm.

○17 Miss die Körperlänge der Insekten (ohne Fühler und Beine) in Millimeter und zeichne sie als Strecke.

Bienenkönigin

20 mm

Kartoffelkäfer

_____

Grünes Heupferd

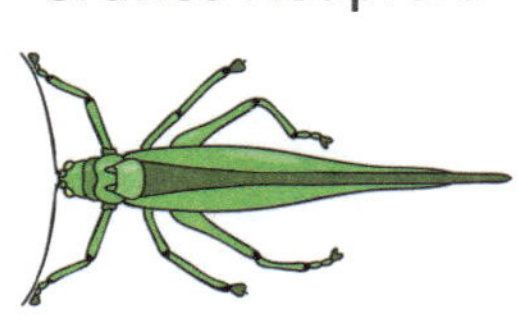

_____

Feuerwanze

_____

Gold-Rosenkäfer

_____

Grundwissen über Größen

○ **1** a) 1 Jahr = ____ Monate b) 1 Woche = ____ Tage c) 1 h = ____ min d) 1 min = ____ s

1 Jahr = ____ Tage 1 Tag = ____ Stunden 2 h = ____ min 2 min = ____ s

○ **2** Schreibe in h und min.

5 h = ____ min 60 min = ____ h 150 min = ____ h ____ min 70 min = ____ h ____ min

10 h = ____ min 120 min = ____ h 125 min = ____ h ____ min 105 min = ____ h ____ min

○ **3** Immer 1 Stunde.

15 min + ____ min 25 min + ____ min 3 min + ____ min 30 min + ____ min

17 min + ____ min 47 min + ____ min 53 min + ____ min 59 min + ____ min

○ **4** Ordne nach der Zeitdauer. Beginne mit der kleinsten.

45 min | 4 h 5 min | ~~15 min~~ | 1 h 15 min | 120 min

15 min < ____ < ____ < ____ < ____

○ **5** Berechne die Zeitdauer ...

a) ... von 7.32 Uhr bis 10.05 Uhr. ____

b) ... von 9.15 Uhr bis 18.35 Uhr. ____

c) ... von 10.45 Uhr bis 17.08 Uhr. ____

○ **6** a) 2 Jahre = ____ Monate b) 4 Wochen = ____ Tage c) 3 Monate ≈ ____ Tage

3 Jahre = ____ Monate 7 Wochen = ____ Tage 6 Monate ≈ ____ Tage

○ **7** Wie viele Sekunden?

3 min = ____ s 2 min = ____ s

8 min = ____ s 5 min = ____ s

○ **8** Immer 1 Minute.

58 s + ____ s 20 s + ____ s

50 s + ____ s 45 s + ____ s

○ **9** Ordne die Zeiten von 50-m-Läufern nach Schnelligkeit.

9,4 s | 10,9 s | ~~8,7 s~~ | 8,8 s | 9,1 s

8,7 s < ____ < ____ < ____ < ____

Grundwissen am Ende des 3. Schuljahres.
Die Aufgaben sollten selbstständig gelöst werden (Lernstandskontrolle).

Grundfertigkeiten im Sachrechnen

○ **1** Johanna kauft 4 Hörnchen zu je 0,60 Euro, 5 Brötchen zu je 0,30 Euro, und ein Brot zu 2,40 Euro. Wie viel muss sie bezahlen?

○ **2** Anne fährt mit ihrer Mutter im Zug. Erwachsene zahlen 25 Euro, Kinder die Hälfte. Berechne den Fahrpreis.

○ **3** Die Schule beginnt um 7.50 Uhr. Jonas braucht für den Schulweg 25 Minuten. [?]

○ **4** Der Bus fährt um 15.30 Uhr ab und ist um 16.05 Uhr in der Stadt. [?]

○ **5** Ein Kinderzimmer ist 4 m lang und 3 m breit. Wie viele Meterquadrate passen hinein?

○ **6** Herr Richter parkt von 10.15 bis 11.35 Uhr. Jede angefangene Stunde kostet 2 Euro. [?]

○ **7** In einem Gartenlokal stehen 9 große Tische mit jeweils 8 Stühlen und 7 Tische mit jeweils 6 Stühlen. [?]

○ **8** Eine Schule mit 192 Schülern und 12 Lehrern plant einen Theaterbesuch. Für die Fahrt benötigen sie Busse. Ein Bus hat 46 Plätze. [?]

○ **9** Von Frankfurt bis Stuttgart sind es 183 km. Von Stuttgart nach München sind es 218 km. Frau Becker will von Frankfurt nach München fahren und auf halber Strecke eine Rast einlegen. [?]

○ **10** Toni kauft 1 kg Bananen für 2,98 Euro, 2 Schalen Erdbeeren zu je 2,15 Euro und 2 kg Kartoffeln zu je 0,85 Euro. [?]

Grundwissen am Ende des 3. Schuljahres.
Die Aufgaben sollten selbstständig gelöst werden (Lernstandskontrolle).

○ 8 Einmaleins an der Einmaleins-Tafel

○ 4 Einmaleins umgekehrt

Einmaleins an der Einmaleins-Tafel/Einmaleins umgekehrt
(→ Schülerbuch, Seiten 13, 14)
a) An der Einmaleins-Tafel wird eine beliebige Aufgabe des Einmaleins gezeigt und genannt. Das Kind nennt das Ergebnis. Besonders geübt werden müssen die farbigen Kernaufgaben, aus denen man die anderen Aufgaben ableiten kann.

b) Am Hunderterfeld wird mit dem Malwinkel eine Malaufgabe gezeigt. Das Kind rechnet die zugehörige Divisionsaufgabe. Später nennt das Kind selbst auch die Malaufgabe.

○ 6 Verdoppeln im Hunderter

○ 9 Halbieren im Hunderter

Verdoppeln im Hunderter/Halbieren im Hunderter
(→ Schülerbuch, Seiten 16, 17)
a) Es wird eine Zahl bis 50 genannt. Das Kind berechnet das Doppelte.

b) Es wird eine gerade Zahl bis 100 genannt. Das Kind berechnet die Hälfte.

Zur Unterstützung kann das Hunderterfeld oder Rechengeld benutzt werden. In beiden Fällen empfiehlt sich eine systematische Abwandlung der Aufgaben.

○ 7 Wie viele?

Wie viele?
(→ Schülerbuch, Seite 33)
Am Tausenderfeld wird mit dem Zahlenwinkel eine Zahl gezeigt. Das Kind nennt die Zahl.

○ 11 Zählen in Schritten

Zählen in Schritten
(→ Schülerbuch, Seite 35)
Zu einer vorgegebenen Schrittweite (1er, 2er, 5er, 10er, 20er, 25er, 50er, 100er, 200er, 250er) vorwärts oder rückwärts zählt das Kind von einer passenden Ausgangszahl einige Schritte weiter.

○ 7 Einfache Additionsaufgaben, Einfache Subtraktionsaufgaben

Einfache Additionsaufgaben/
Einfache Subtraktionsaufgaben
(→ Schülerbuch, Seite 47)
a) Vorgegeben werden Plusaufgaben, bei denen nur Einer oder glatte Zehner- bzw. glatte Hunderterzahlen dazu gerechnet werden. Das Kind berechnet jeweils das Ergebnis.

b) Analog mit Minusaufgaben.

Verdoppeln im Tausender/Halbieren im Tausender
(→ Schülerbuch, Seiten 48, 49)
a) Vorgegeben werden Zahlen bis 500. Das Kind berechnet jeweils das Doppelte.

b) Vorgegeben werden glatte Zehnerzahlen unter 1000. Das Kind berechnet jeweils die Hälfte.

Zur Unterstützung kann in beiden Fällen das Tausenderfeld herangezogen werden. Günstiger ist es aber, wenn die Kinder die Aufgabe geeignet in Teilaufgaben zerlegen.
Beispiel: 800 : 2 = 400, 70 : 2 = 35, 870 : 2 = 435

Ergänzen bis 1 000
(→ Schülerbuch, Seite 54)
Es wird eine Zahl unter 1000 genannt und am Tausenderfeld gezeigt. Das Kind ergänzt die Zahl bis 1000. Dabei kann es nutzen, was es beim „Ergänzen bis 10" und „Ergänzen bis 100" gelernt hat.

Zehnereinmaleins
(→ Schülerbuch, Seite 66)
An der Zehnereinmaleins-Tafel auf der hinteren Umschlagseite des Arbeitsheftes wird eine Aufgabe gezeigt. Das Kind berechnet das Ergebnis und nennt die beiden Umkehraufgaben.

Mal 10, durch 10
(→ Schülerbuch, Seite 67)
An der Stellentafel wird mit Ziffernkarten eine Zahl bis 100 gelegt und benannt. Das Kind nimmt sie mal 10 und verschiebt die Kärtchen eine Stelle nach links. Dann teilt es das Ergebnis durch 10 und verschiebt die Kärtchen eine Stelle nach rechts wieder in die Ausgangslage.

Zum Einsatz der Blitzrechenübungen

Im ZAHLENBUCH spielt der Blitzrechenkurs als rechnerisches Fitness- und Förderprogramm eine tragende Rolle. Die Grundlegung jeder Übung erfolgt im Schülerbuch bei der Behandlung des entsprechenden Themas und sticht dort durch ein besonderes Layout heraus.

Auf den Arbeitsheftseiten 94–95 sind die betreffenden Bilder für die Übungen im Tausenderraum zusammengestellt und mit etwas ausführlicheren Anleitungen versehen. Alle, die mit den Kindern zu Hause Blitzrechnen üben, können so schnell einen Überblick gewinnen.

Auf dem ausklappbaren Umschlag finden sich die Anschauungsmaterialien („Operationsfelder"), die man für die praktische Durchführung der Blitzrechenübungen benötigt.

Zur Übung des Blitzrechnens gibt es zusätzlich die Rechenkartei „Blitzrechnen", die CD-ROM „Blitzrechnen" und die Blitzrechnen-Apps.
Durch diese verschiedenen Angebote wird sichergestellt, dass überall eine Grundlage für ein regelmäßiges Üben des Blitzrechnens gegeben ist.

Für jedes Kind sollte ein „Rechentrainer" gefunden werden, der mit dem Kind übt und sich für seine Fortschritte verantwortlich fühlt.
Rechentrainer können nicht nur Mitglieder der Familie, sondern z. B. auch Mitschüler, ältere Schüler oder Erwachsene in der Nachmittagsbetreuung sein. Mit der Rechenkartei , der CD-ROM oder der App kann ein Kind auch allein üben.
Im Verlauf des Übens sollte eine allmähliche Lösung von der Anschauung hin zum Kopfrechnen erfolgen. Vor einer vorschnellen Automatisierung wird ausdrücklich gewarnt, weil dies nicht zu Verständnis führt.

Alle Beteiligten müssen wissen, dass ein grundlegendes Training im Rechnen genauso zwingend ist wie im Sport.

Blitzrechnen
jetzt im App-Store
für IOS und Android